不被嘲笑的梦想

是不值得去实现的

汪洋 — 著

台海出版社

图书在版编目（CIP）数据

不被嘲笑的梦想是不值得去实现的 / 汪洋著 . -- 北京 : 台海出版社，2017.9
ISBN 978-7-5168-1548-9

Ⅰ . ①不… Ⅱ . ①汪… Ⅲ . ①成功心理—通俗读物 Ⅳ . ① B848.4-49

中国版本图书馆 CIP 数据核字（2017）第 212737 号

不被嘲笑的梦想是不值得去实现的

著　者｜汪　洋

责任编辑｜高惠娟　　　　　策划编辑｜郭海东　毕　帅
装帧设计｜十　三　　　　　责任印制｜蔡　旭

出版发行｜台海出版社
地　　址｜北京市东城区景山东街20号　邮政编码：100009
电　　话｜010 — 64041652（发行，邮购）
传　　真｜010 — 84045799（总编室）
网　　址｜www.taimeng.org.cn/thcbs/default.htm
E — mail｜thcbs@126.com

印　　刷｜北京嘉业印刷厂
开　　本｜880 毫米 × 1230 毫米　1/32
字　　数｜189 千字
印　　张｜8.5
版　　次｜2017 年 11 月第 1 版
印　　次｜2017 年 11 月第 1 次印刷
书　　号｜ISBN 978-7-5168-1548-9
定　　价｜39.80元

前言　梦想可以在嘲笑中重来

高考落榜，他从未想过。但天不遂人愿，他曾经觉得绝不可能的事，竟然真的发生了，发生在学习成绩一向名列前茅的他身上。

想起落榜的原因，他恨不得一拳将自己打倒在地上，再疯狂地用脚踢几下。是考试题目太难，不会做了吗？还是考场作弊，被取消了资格？又或者是考试时生病，以致考试中途夭折……别再猜了，这些原因一个都不是。真实原因是他一不留神，将英语试题的答案在机读卡上填错位了，导致英语成绩一塌糊涂，惨不忍睹，而这又给高考总成绩带去了连锁反应。他高考落榜的原因曝光后，知道他学习成绩并看好他考个好大学的人都替他感到可惜。

看到其他同学兴高采烈地拿到了心仪大学的录取通知书，他把自己关在屋子里，任凭痛苦肆意地吞噬心神，不做丝毫反抗。

他嫉妒老天对那些同学的眷顾，同时又憎恨老天对自己的不公。寒窗苦读 12 年，为的就是在这场高考中一飞冲天，进入心仪已久的大学校园，享受天高任鸟飞的那份惬意和自在。但不可饶恕的近乎荒诞的大意失误，埋葬了他这一次的大学梦想。

"我真该死，怎么就犯下了如此低级的错误。老天，你不可以这样残忍，你这是想要毁了我吗？"他双目无神地喃喃自语。摆在他面前的有两条路可走：一是从此结束上学路，找个差强人意的工作，做个一般的打工仔；二是重新回到学校，做个复读生，继续向心仪的大学发起第二波冲击。从内心来说，他很想再来一次。可是，想想过去的那场被他人誉为笑谈的失败高考经历，他勇气顿无。

对去向犹豫不决时，他意外地收到了一份《录取通知书》，它来自一所他从未听说过的北方某职业技术学院。他展开了附在《录取通知书》后那封不足千字的《致新生的一封信》。读着那封信，他原本无神的眼睛竟渐渐地露出了光芒。他读到了这样一句话：我们不是最好的，但正在走向最好，在这里，只要你足够坚持，每个人的梦想都可以重来。

"梦想可以重来"这句话真正打动了他。高考失利后，他一直在自责，一直害怕面对那些嘲笑，以为大学梦想就此终结了。但在看过信后，他知道，梦想是可以重来的，也就是说他的大学梦可以重来。不仅如此，想起那些嘲笑的目光，他的倔脾气上来了，心想："我偏不让那些嘲笑得逞。"随后，他抛开顾虑，微笑着迎向那些嘲笑的目光，回到了曾经的学校，成了一名复读生。第二年，他未再犯前一年的高考失误，以优异的成绩考入了首都的一所名牌大学。

大学毕业后，他进入了世界排行500强企业，成了很多人羡慕的高薪白领。但后来，他在朋友们诧异的目光中辞去了那份高薪工作，在梦想促动下创办了一家传媒公司。可苦苦经营三年后，他付出了极大心血的传媒公司因为误判性投资亏损破产，并欠下了一大笔债务。沉陷在困境中，他又想起了"梦想可以重来"那句话。

他丢掉面子思想，在嘲笑里当起了"破烂王"。他先是收售废旧电瓶，在5年后创建了一家小电瓶厂。最后，他的小电瓶厂发展为一家大型发电机厂，产品远销美日等国。

如今的他已经成为一名白手起家的亿万富翁。谈到而今的成功，他说激励他重拾信心的，一是"梦想可以重来"那句话，二是那些嘲笑的目光。他说，如果不是"梦想可以重来"的激励，不是那些嘲笑的刺激，在那场高考失利后，他或许不会复读，也不可能考上心仪的大学，在传媒公司破产后，如果不是"梦想可以重来"的督促，他不会再战商场，也不可能拥有而今的成功。

亿万富翁的故事看起来并不惊心动魄，但对暂时失去梦想，在嘲笑里不知所措的人来说，依旧具有相当的促进效用。任何时候，我们都不能抛弃梦想，即便一时迷途，也不要绝望，只要梦想还在，一切奇迹皆有可能发生。

CONTENTS 目录

目录 CONTENTS

CONTENTS 目录

目录　CONTENTS

第一辑

带着梦想出发，
我们才不会迷路

人生的每一天，都是一种出发。但我们要以怎样的状态出发呢？

是拖着疲惫的身体，眼神茫然，不得不走吗？不！

漂亮的人生不是这样的。看着远方，我们的目光炽烈，

我们的心溢满激情。最重要的是，我们选择出发的生命不能缺少梦想。

也许有人会嘲笑你的梦想，但只要心怀坚定，

前进的道路上，我们就不会迷失。

摔跤吧！爸爸！

　　叔叔年轻时，曾是一名优秀的摔跤运动员，他的心里一直有个梦想——拿世界冠军。但低廉的收入让生活举步维艰，他不得不选择向命运低头，去寻找一份收入稳定的工作以维持生计。即便如此，他的梦想从未曾破灭过，一心想要婶婶给他生个儿子，去替他实现那个被暂时搁置的冠军梦。

　　但上天似乎要故意和叔叔作对，婶婶接连生下的四个孩子，全部都是女儿。在叔叔以为梦想就要破灭时，一个突如其来的意外让他的梦想再度鲜活。一天，两个已经上学的女儿，把欺负她们的男生狠狠撂倒在地。两姐妹表现出来的勇猛，不仅未让叔叔觉得自家女儿不像别家女儿那样安分，他反而从她们身上看到了梦想成功的希望。叔叔为姐妹俩制订了一整套训练计划，并亲手在稻田中央修建了一个摔跤坑，对她们进行残酷的摔跤训练。

姐妹俩以为，叔叔这样做是对她们在学校打架的惩罚，因此训练时她们并不投入，甚至用能够想到的所有办法逃避训练，并相信过不了多久，叔叔的惩罚就会结束。事情真是这样吗？对姐妹俩的懈怠和反抗，叔叔施以了更严厉的手段：剪掉长发，脱去长袍，穿上短裤。

对叔叔训练女儿摔跤持反对意见的婶婶抱怨道："别为了一己之私毁了女儿一生。"周围的风言风语，更是如排山倒海一般侵袭而来。在村民们毫不留情的嘲讽嬉笑里，叔叔也曾犹豫，但他坚持"只能在当教练跟父亲之间择一个，当教练时，父亲的角色就是次要的"。叔叔顶住了所有嘲笑，继续走在梦想的道路上。

在印度，女孩一生下来，注定的命运就是在家里洗衣做饭，14 岁后再嫁到别人家洗衣做饭，抚养孩子。叔叔不愿自家女儿迎接这样的宿命，他想要"培养出两个非常伟大的女儿"，拥有和别的女孩不一样的人生。但叔叔的这种坚持，不仅村民们看不懂，连姐妹俩也不明白。

任何看似荒谬的梦总有醒来的一天。好朋友的婚礼上，叔叔愤怒的一耳光打在我脸颊上，这也让姐妹俩恐惧不安，觉得颜面尽失。在她们怨憎叔叔无情时，双眼含泪的新娘却很羡慕她们有这样一个叔叔，并说道："他在和全世界对抗，他承受着所有人对他的嘲讽，为什么？为了你们有个好的未来，他做错了吗？"

活生生的例子，犹如当头棒喝，让姐妹俩倏然明白了叔叔的一番苦心。此后，她们全身心地投入到了摔跤训练中。周围的那些嘲笑，不仅不再能挡住她们梦想的脚步，反而成了她们前进路上的试金石。

当叔叔带着姐妹俩第一次参加其他选手都是男子的摔跤比赛时，迎接她们的不是掌声，而是拒绝和冷嘲热讽。虽然后来主办方破格准予参赛，也仅是为了让比赛更有吸引力。至于前来观赛的人，怀有的是想看到堂妹被打趴下，甚至被撕烂衣服的龌龊心思。

在几乎所有人都看不起你的情况下，你会是什么心境？是垂头丧气躲到角落里嗟叹命运不公，还是奋起抗争？裁判极度轻视堂妹，让她自己挑选对手。她没有挑选偏弱的选手，而是出人意料地挑选了最强壮的一个。这一场比赛，竭尽全力的堂妹最终还是输了，但她面对强敌时的勇敢拼搏，感动了曾经轻视嘲笑她的所有观众，人们再次投向她的目光，变成了钦佩尊重。叔叔很为堂妹高兴，因为她战胜恐惧，找到了梦想的方向。叔叔一直希望的是姐妹俩心里不要被嘲笑、质疑、轻视种下恐惧，阻碍了梦想。在这场失败的比赛中，叔叔看到了希望。

被梦想武装起来的堂妹，对下一场比赛有了期待。这种期待，给予了姐妹俩刻苦训练的勇气和力量。尽管后面的比赛越来越艰难，但堂妹在叔叔的引导下，坚持到底，最终赢得了全国冠军。这时，所有人都认为叔叔和堂妹梦想成真了，但叔叔说："当你赢金牌，不是为了自己，而是为了国家，我的梦想才会实现。"刹那间升华的梦想，让人们对叔叔，对姐妹俩有了更多期待。

可随后的比赛中，堂妹不断遭遇挫折，在国际性大赛中，她总是第一轮就惨遭淘汰。即便如此，叔叔依旧没有放弃梦想，堂妹伤心绝望时，叔叔走到她面前，为她重塑梦想，重拾信心，告诉她说："如果你赢得银牌，过不了多久你就会被忘记。如果你赢了金牌，你就会成为榜样。成了榜样，孩子，你就名留青史了。"在2010年的大英国协运动会上，堂妹在极不利的情况下击败对手，战胜自我，最终赢得金牌。这是印度有史以来在国际大赛中拿到的第一枚女子金牌。

堂妹的胜利成了妹妹的榜样，妹妹也开始了圆梦之旅，并在2014年的大英国协运动会上获赢得了55公斤级摔跤比赛金牌。迄今，姐妹俩共在国际比赛中为印度赢得29枚奖牌。更重要的是，他们的爸爸不畏嘲笑，坚持梦想创造出的奇迹，像熊熊火焰一样引燃了印度数千位女孩的摔跤梦想。

这是电影《摔跤吧！爸爸！》中演绎的故事，经由真人真事改编而成，爸爸叫玛哈维亚，堂妹叫吉塔，妹妹叫巴比塔。这部讲述梦想的电影上映后，火得一塌糊涂。或许正是爸爸和姐妹俩坚持梦想，不畏嘲笑，才触动了所有梦想者的心。

谁会没有梦想呢？有多少人能在嘲笑里坚持梦想呢？叔叔和姐妹俩给所有梦想者上了生动一课：被嘲笑的梦想更值得追

求，梦想是用来坚持的。哪怕全世界都在看你的笑话，你也绝不能放弃自己的梦想，绝不能认输。那些嘲笑你梦想的人，只是想把你变成和他们一样畏畏缩缩的人。

罗永浩：用嘲笑滋养的梦想更茁壮

　　罗永浩，人称"老罗"，锤子科技创始人，2016 年网红企业家当之无愧的榜首。

　　但在一夜成名前，罗永浩曾经摆过地摊、开过羊肉串店、倒卖过药材、做过期货、走私过汽车、销售过电脑配件，还从事过文学创作。如此拼命地游历在这些五花八门的行当中，只因他是个纯粹的理想主义者，一心想赚到很多很多钱，而后做个低调富有的人。

　　在不少人看来，罗永浩的那些理想华而不实，不仅没有给予鼓掌点赞，甚至还公开嘲笑："连个高中都没毕业的人，还敢大言不惭地说做什么低调富有的人，做他的千秋大梦去吧！"

　　罗永浩连完整的高中学历都没有，高二那年，成绩不好的他选择了退学。之后，他并未像一些人预料的那样自我放逐，而是在理想鞭策支撑下，不断努力，试图冲破藩篱。但直到 27 岁，他也未能获得期望的成功。

这一年，罗永浩窝在租来的 15 平方米的小屋里玩电脑，无意中瞄到了一条消息：新东方学校英语培训教师年薪上百万，是理想主义者创业的好去处。这条消息让罗永浩如获至宝，毫不犹豫地做出了决定："去新东方做个年薪上百万的教师也不错。"

他的这个决定，让一直笑话他的人几乎笑掉了大牙："到新东方当英语教师，凭他那点能耐，这不是要滑天下之大稽吗？"对环绕身侧的这般嘲笑，罗永浩一概笑而置之，坚信只要坚持理想，再付出足够努力，就没有到不了的彼岸。随后，他开始了一年半时间的魔鬼式学习，每天不分日夜地学习英语，白天刷雅思、托福考题，晚上练习听力，听到耳鸣还不放弃，即便梦呓，念叨的还是叽里呱啦的英语单词。

2000 年 12 月，罗永浩给新东方校长俞敏洪写了一封上万字的求职信，在坦诚了学历情况后，恳请他能给自己一个实现理想的机会。俞敏洪没有轻看罗永浩，在他连续两次试讲失败后，又给了他第三次试讲的机会。2001 年，罗永浩成功通过试讲，在那些嘲笑者不可思议的目光里，完成了从一个高中辍学生，到北京新东方学校 GRE 讲师的蜕变。

随后五年多时间里，奔波多年的罗永浩沉下一颗心，安心任教于北京新东方学校。在外闯荡的丰富人生经历以及一直深种心间从未磨灭的理想，赋予了他强大的教学动力。罗永浩幽默诙谐的教学风格以及不时流露出来的高度理想主义气质，深深感染着前来听课的每个学生。一些学生忍不住偷偷地录下了他的讲课内容，并在大学校内网站传播分享。不管是罗永浩本人，还是分享内容的学生，任谁都不会想到，这些音质奇差的盗录内容，最后会被冠以"老罗语录"之名，并在一夜之间风靡大江南北。

名不见经传的罗永浩出名了，一跃成为 2005 年全国十大网红之一。曾经嘲笑他"痴心妄想"的人，在张口结舌片刻后，又不服气地开始了新一轮嘲笑："不就是偶然的投机成功吗？有什么了不起，难道他能一直这样好运？"

罗永浩随口说道："剽悍的人生不需要解释。"这话后来成了网络流行语。不久，他用一场至今被人津津乐道的辞职，为理想主义人生再添生动一笔。

时间进入 2006 年，罗永浩意识到自己的名气给新东方带来的收入远远超过了实际所得的薪水，遂决定辞职。这年 6 月，他再一次成了无业游民。但这段时间并不长，紧随其后的 7 月 31 日，罗永浩发起创办的牛博网正式开张。又两年后的 7 月，他创办了"老罗和他朋友们的教育科技有限公司"，也即北京市海淀区至圣德嘉培训学校开始营业。

但好运并不总伴随着罗永浩。对他来说，2009 年不太好过。这一年，他花了很多心血的正风生水起的牛博网被强行关闭。不仅如此，他倾力创办的培训学校，第一年亏损超过了 300 万元。正当他焦头烂额时，那些嘲笑如影随形，再度跟了上来。罗永浩没有停下脚步，他要让嘲笑成为梦想茁壮成长的养分。

2010 年 4 月，罗永浩的自传《我的奋斗》出版了，并很快冲击畅销书排行榜。同年 11 月，他在北京海淀剧院举行的演讲《一个理想主义者的创业故事》引起广泛回响。

几番拼搏后，罗永浩的培训学校终于走出了亏损阴影，开始盈利。这时，他那颗被理想肥沃的心又躁动起来。2011 年 10

月，听闻苹果创始人乔布斯去世的消息，罗永浩忍不住慨叹："这个行业里最聪明的人没了。"他突然很想去做另一个最聪明的人，并在 2012 年 4 月 8 日的微博上宣布：下周就要注册一个新公司开始做手机了，每天都活在兴奋中……

罗永浩的这条微博，迎来了排山倒海般的嘲笑：老罗做手机，除非石头开花马长角。一位曾经很欣赏他的风险投资人直接扔出一句话"一分钱都不投"。还有人直言"说句不客气的话，如果公司你自己管，必死无疑"。对此，罗永浩笑言："不被嘲笑的梦想是不值得去实现的。"在他看来，被嘲笑了的梦想，更特立独行，更与众不同，更值得去实现。而同时，嘲笑还能滋养梦想。

2012 年 5 月，罗永浩的锤子科技诞生了。又两年后的 5 月20 日，锤子手机正式发布，命名为 Smartisan T1。2017 年，罗永浩与马云密谈后，锤子科技将获得 10 多亿元资金支持，并准备推出新一代手机。

罗永浩想去新东方，去了。罗永浩想办网站，办了。罗永浩想搞英语培训，搞了。罗永浩想写书，写了，还出版了。罗永浩想做手机，做了。

在一波又一波嘲笑面前，罗永浩从不退缩，他心里自有一杆秤，绝不做止步于空谈的理想者。他让所有梦想者看到，坚持被嘲笑的梦想，不放弃不松懈，嘲笑就能成为让梦想茁壮的养分，而梦想也因此一定会迎来实现的那一天。他更让所有梦想者认识到，真正被嘲笑的不是你的梦想，而是你在梦想面前犹豫徘徊的举动，不敢进行舍生忘死的努力。

去西藏看海

"西藏真没有海，别异想天开了。"大学毕业那年，在得知黄千和西藏一家报社签订就业协议后，朋友们看他的目光里充满了不可思议，其间还有隐藏不住的一缕嘲笑，好像黄千是来自异世界的怪物一般。面对他们那一副副恨铁不成钢甚或嘲弄的表情，黄千的心情却出奇的平静，他轻轻一笑道："那可说不定，或许真有哦。"

"你太疯狂了，简直无药可救！"见他死心塌地，绝不悔改，朋友们摇着头，无可奈何地总结陈词。

黄千很清楚他在干什么。在做出去西藏工作的决定时，他的头脑前所未有地清醒。签订就业协议前，他告诉朋友们："我要去西藏看海！"这个想法一说出来，有朋友就摸着黄千的额头说："很正常啊，没有发烧！"更多的则是苦口婆心地劝解：

"西藏有海吗？别天真了，还是踏实找份好工作吧。"

他真不知道去西藏能否看到希望的海，但梦想一经点燃，又怎能轻易熄灭呢？

风尘仆仆，黄千搭乘的飞机在有惊无险的剧烈颠簸后，降落在贡嘎机场。黄千的双脚终于在殷殷渴望中踏上了世界最高屋脊青藏高原的神秘大地。进入眼帘的，除了高高的山，还是高高的山。它们并不险峻，除了浅草外，找不到一棵绿树。但奇怪的是，这阻挡视线远望的大山，竟给了他无比开阔的感觉，没有绿树的山脉在他的心地上一片葱郁。

汽车一路飞驰，将奔腾的雅鲁藏布江抛在身后。当远处红山巅上布达拉宫闪闪发光的金顶越来越近时，黄千的热血情不自禁沸腾起来，他忍不住激动地大喊大叫："西藏，我来看海了！"

听到黄千激情的叫喊声，报社派来接他的同事笑道："青藏高原曾经是海洋，你算来对地方了。"同事言及的地理知识，黄千自然知道。但那是过去的海，他想要的是西藏现在的海。

但还没找到西藏的海，便遭遇了当头棒击。报社人员紧缺，黄千很快被安排到了版面负责工作中。对此，他不以为然："不就是编编稿画画版嘛，小意思。大学里，文学社的社报一直都是咱在负责编排呢！"他信心满怀地把组好的版送到部门主任那里审查。在主任摊开画版纸后，黄千期待的肯定并未如期而至。他原本认为万无一失的事却被部门主任一言否定："咱们报有自己的风格，你还是好好研究下过去的版面吧！"

"他在挑刺吧！你们的报纸怎么啦？我又不是没有编排过报纸。"编排的版面被"枪毙"后，黄千心里有了不满的情绪，坚持不去资料室找过去的报纸研究。接下来的工作，他干得很别扭。而这时，远离家乡的孤独也排山倒海般向他袭来。一次编排校对时，精神恍惚的黄千竟然出现了重大失误，直到报纸印刷出来，才发现标题错了。他可以不在乎被扣去奖金，不在乎被领导批评，却不能不在乎自以为是的能力如此不堪一击。一时间，黄千的情绪低落，曾经的意气风发消失无踪，甚至在心里打起退堂鼓来，萌生了怯意。

那些天，他总是情不自禁地想一件事，如果当初听从了朋友们的建议没有来西藏，不管怎样，也一定比现在轻松惬意。入藏时的新奇，在接踵而来的不如意里消失殆尽。见惯家乡喧闹繁华都市场景的黄千，突然对拉萨低矮的建筑物，冷清的街道莫名厌烦……烦闷中，他接到了朋友的电话："兄弟，在西藏看到海了吗？"

"我要去西藏看海！"这似乎是自己曾经说过的话吧，记忆被翻搅而出。但此时，他无法再像当初那样一笑而过。电话里，一向健谈的黄千沉默了，不知如何回答。是啊，他到西藏是来看海的，现在不仅连海的影子都没见到，反而陷入了无措的沼泽中。在奔流向前的拉萨河边，他一边向河里扔石头，一边自问："你能就这样就离开吗？"

不知去路的黄千在一个周末里与同事一起去相隔两条街的大昭寺游玩。路上，一位三步一叩拜的藏族老阿妈吸引了他的目光。这样的场景，过去他只从影视镜头里看见过。朝圣的老阿妈的真实演绎深深震撼了他。周围的目光，她不管不顾，只是虔诚地叩拜着。同事说："她也许来自很远的地方，三步一叩拜，历尽千辛万苦，只为心中的梦想，对藏传佛教的至诚信仰。"黄千突然想起自己的那个梦想来，那个看海的梦想。

犹如醍醐灌顶般，他倏然从迷茫无措中醒来。之后，黄千把全部热情和精力投入到了工作中，去报社资料室找来过去的报纸认真琢磨。再之后，由他负责的版面渐渐有了起色，一次次赢得领导和同事的肯定赞扬。同时，黄千写作的笔变得更加灵动起来，寄出去的文章一篇连着一篇发表。

黄千在西藏的日子变得充实而快乐。突然很期待朋友再打电话来，很想听到朋友再问自己一遍："西藏有海吗？"如果是，他一定会骄傲地回答："西藏真的有海！"

而今的黄千早已成为了报社总编。在一次朋友聚会中谈及当年那个"去西藏看海"的青春故事，在缭绕的茶香中，黄千淡淡一笑，历经岁月洗礼的面庞愈发坚毅。青藏高原本没有海，但他依旧看到了海，那是因为"西藏的海"在他的心中。西藏的海，是希望和梦想的代名词，它存在于每一个孜孜追求者的心里。

走出来的马拉松纪录

　　菲尔·帕克决定前往参加伦敦马拉松大赛。朋友们都劝他，放弃那疯狂的想法，全程 42.195 公里的马拉松可不是闹着玩儿的，即便普通人想要跑完也需要超常的毅力。帕克很倔强，没有听从朋友们一片好意的劝慰。

　　看着依靠两根拐杖站立的帕克，伦敦马拉松大赛组委会的工作人员以不可思议的目光看着他，道："帕克先生，我想问的是，你确定这位要参加马拉松大赛的人就是你吗？"帕克笑着说："我确定，他就是我！"沉思片刻，工作人员再次说："帕克先生，原谅我们的无礼，你能在这里试跑一下吗？"帕克没有回答，而是转过身向大厅的另一端走去。短短 20 多米，他用了整整两分钟。工作人员面带疑惑："帕克先生，马拉松大赛需要用跑……"帕克打断他的话说："先生，这就是我的跑。"

伦敦马拉松大赛组委会最终接受了帕克的参赛请求，他们没有理由拒绝一个认为自己能跑、精神正常的选手。想着将要进行的马拉松大赛，帕克看看自己瘫痪的双腿，心里没有忧伤，而是充满了期待。

帕克曾是英国皇家宪兵队少校，先后在伊拉克、波黑、科索沃和英国北爱尔兰等地服过役。但报名参加伦敦马拉松大赛前一年，在伊拉克巴士拉市执勤的他，遭到了武装分子的袭击。在这次袭击中，帕克腿部受伤，血肉模糊，他也失去了知觉。命悬一线时，他被紧急送回英国医院进行抢救。医生经过全力救治，在挽救了他的生命后说："从今以后，你再也不能依靠双腿站立走路了。"

朋友们都为帕克感到痛惜，出面安慰道："不能用腿站立走路，我们就用轮椅好了！"帕克笑着说："这个世界总会有奇迹发生的！"其实，最初听到医生的"预言"，帕克心里也万分痛苦，但想想在那次袭击中丧生的战友，他对自己说："和他们相比，你已经很幸运了，至少还拥有美好的生命。"如此想过后，帕克变得很坦然，并在国防部康复中心工作人员的帮助下，咬牙坚持锻炼，希望自己能够创造奇迹。锻炼中，摔倒成了帕克的家常便饭。看着经常被摔得鼻青脸肿的他，朋友们心疼地说："帕克，放弃吧！"帕克没有放弃，他用一次又一次的摔倒，用坚强的毅力证明了医生"预言"的错误：依靠两根拐杖，奇迹般地站立起来，并成功地迈出了生命中的又一个第一步。

　　马拉松大赛在帕克的期待中开始了。站在参赛选手中，依靠两根拐杖站立的帕克显得与众不同。发令枪一响，其他选手迅速地冲了出去。很快，帕克就被远远地抛在了后面。以至到了后来，他连其他选手的背影都看不到了。尽管如此，帕克并没有着急，他撑着两根拐杖，按照自己的方式向前"跑"着，一步又一步，那么艰难。长时间不间断地握着拐杖，帕克的手掌上被磨出了一个又一个血泡，汗水浸进血泡里，一阵阵的痛。尽管如此，他每天也只能"跑"3.2公里。

　　在人们眼里，帕克这哪里是在跑啊，明明就是在走，甚至连走都算不上，而是在挪。尽管人们不知道帕克究竟什么时候能跑完这届马拉松大赛，却依旧被他绝不放弃的精神所感动。每一天，只要帕克出现在马拉松大赛的赛道上，人们都会自发地站在两边为他加油鼓掌，为这个与众不同的选手叫好。漫长的马拉松赛道，在帕克的锲而不舍中，被慢慢地征服，终点距离他越来越近。经过 13 天又两小时 50 分钟，帕克终于到达了伦敦詹姆斯公园的马拉松终点线。到达终点的帕克，创造了伦敦马拉松大赛的一个新纪录：以最慢速度跑完伦敦马拉松的纪录。

当帕克撑着拐杖的身影冲破终点线时，早已等候于此的人们情不自禁地为他欢呼。用差不多整整两周的时间，一个双腿瘫痪的人，跑完 42.195 公里，这需要多么坚强的意志啊！曾经 5 次获得奥运会划船比赛冠军的英国奇人斯蒂夫·里吉雷夫向帕克颁发了奖章。面对媒体记者的采访时，满头大汗的帕克说道："我大约跑了 52400 步。我很高兴自己能跑完马拉松，并创造了新的赛会纪录。生活中，我相信每个人都可以创造属于自己的纪录。"

按照自己的方式去创造属于自己的纪录！帕克给我们上了完美的一课。

"吹"出来的音乐奇迹

　　他叫刘斌，是一名铲车司机，央视综艺节目《向幸福出发》的主持人说他很能"吹"。铲车司机驾驶技术好大家有目共睹，但很能"吹"，似乎有点驴唇不对马嘴了。瞬时间，观众们好奇的胃口被吊了起来，期待他上台揭开谜底："怎样才是很能'吹'呢？"

　　在大家望穿秋水的目光里，刘斌出现在了舞台上。站在两位漂亮的礼仪小姐中间，他手持一截尾部弯曲的水管，专注地吹出了节奏明快的笛声《太阳出来喜洋洋》。这就叫很能"吹"吗？这也能叫很能"吹"！或许是期望越大，失望就越大，现场观众礼节性的掌声显得有些稀稀拉拉。

　　刘斌并未被台下观众或许有些失望的情绪所影响，《太阳出来喜洋洋》依旧在演播厅里回荡。但大家发现，他吹奏的乐器突然变了，变成了一根红红的蜡烛，而后是一支小小的碳素笔，随之又是一个旧话筒。当刘斌从礼仪小姐手里接过又一个即将吹奏的乐器时，现场热烈的气氛被点燃了。刘斌接到手中的到底是个什么乐器呢？

相信很多人都想不到，他接过来的竟然是一块湿漉漉的砖头。那的确是一块砖头，建筑用的红砖，唯一区别在于砖头上被钻了多个小孔。难道刘斌要将吹奏节目变成功夫表演？来上一段掌断砖头，或者是头碎砖头？

在所有人注目中，湿漉漉的红砖来到了刘斌的嘴唇边。而后，那首节奏明快的《太阳出来喜洋洋》再度响了起来。人们瞪圆了不可思议的眼睛，主持人月亮在节目开始时的观点得到了强力证实——刘斌的确很能"吹"。一个可以用砖头吹奏出动听音乐的人，如果不算能"吹"，这个世界上恐怕就没有能"吹"的人了。

震撼还没有完，在接下来的节目中，刘斌拿在手中进行吹奏的一个又一个乐器更让人大跌眼镜，将人们的不可思议提升到了极致。他拿出的都是些什么乐器呢？难道还有比砖头更让人吃惊的乐器？

刘斌继续吹奏出美妙音乐的乐器，生活中我们每天都能见到。但是，在见到它们之后，任谁也不会想到，原本用来吃的它们，还可以变身为乐器。它们就是胡萝卜、莴苣、山药，甚至是黄瓜等果蔬。

它们是拥有神奇变身本领的果蔬吗？太让人匪夷所思了……这一幕又一幕，真实地震撼了所有关注的人。但上演神奇一幕的不是它们，而是刘斌。是他，让原本普通常见的果蔬和废旧物品等，完成了神奇的蜕变。在刘斌眼里，凡是柱状、管状，甚至块状的物体，经过精心改造，钻出管道，打出孔，就能变身为乐器，吹出打动人心的音乐。在过去的二十多年里，用这种随手拈来的化腐朽为神奇的本领，刘斌为自己铺设了一条迥异的音乐人生路，被周围人亲切地称为"管子哥"。

"管子哥"刘斌的神技，很容易让人将他想成知名音乐人。但他只是一名普通的铲车司机，每天的大多数时间都在驾驶铲车中度过。那笨重的铲车，不管怎么看，都很难与灵动的音乐挂上钩。刘斌在生活中不时用那些奇奇怪怪的"乐器"演绎非凡的音乐盛宴，从家人圈、朋友圈、工友圈，一路走到山东综艺大明星选秀节目，直至央视的《向幸福出发》栏目。

别人看来再普通不过的果蔬和废旧物品，到了刘斌手里怎么就可以变身为演奏美妙音乐的乐器呢？在主持人的访谈中人们才知道，刘斌与音乐的缘分并非天生造就，而是他独具匠心的执着梦想。

某种程度上说，刘斌其实是不幸的。1983 年在东北辽宁出生后，因为是超生，贫困的父母害怕被罚款，决定将他送人。而这或许又是刘斌幸运的开始，他被二大爷、二大娘含泪抱回了山东泰安宁阳县的家。在这里，二大娘待他如同亲生，竭力照顾他、关爱他，并尽力满足他的愿望。刘斌从小就是个懂事的孩子，几乎不向二大娘提任何要求。但 9 岁那年，从不提要求的他，终于忍不住向二大娘提出了一个奢侈的要求：买一把笛子。在那时，那真的算得上奢侈品了，因为一把笛子要 4 元钱。

事情的起因并不复杂。那天，刘斌在农村放羊时觉得很无聊，便将注意力落到了邻居家的一个哥哥身上。那个哥哥正在吹笛子，悠扬的笛声将他深深地迷住了。随即，刘斌心里有了一个抑制不住的梦想："我也要吹笛子，而且要比他吹得更好。"
想要吹笛子，首先得有笛子才行啊。刘斌去买笛子的地方打听，
知道一把笛子需要 4 元钱，这让几乎没有零花钱的他只能"望
笛兴叹"。

　　犹豫了好久，刘斌也没有敢向二大娘提买笛子的要求。
1992 年的 4 元钱，对于这个家庭而言真的不是一个小数目。可
是悠扬的笛声，总是在他的梦里响起，让他辗转难眠。他想：
"既然买不起，我就自己做呗。"如此想过后，刘斌磨破了嘴皮，
将那位邻家哥哥的笛子借来认真地观察研究。

　　细心的二大娘发现，刘斌将比大拇指粗的竹子踞成一小段，
并用铁钉在上面钻孔。在她有些诧异的追问下，刘斌不抱希望
地说出了要个笛子的想法。二大娘望着一脸期冀的刘斌，没有
说什么，默默地站起来走了。望着二大娘逐渐远去的背影，刘
斌特别失望，他继续埋头钻孔做自己的笛子。但两天后，二大
娘将皱巴巴的 4 元钱递到了刘斌面前。刘斌知道这意味着什么。
含泪从二大娘手里接过这助他打开音乐之门的 4 元钱，刘斌告
诉自己："我一定要坚持下去。"

买来一把渴望已久的笛子后，刘斌利用这把笛子不仅学会了吹奏，还开始了进一步的研究和自制乐器之路。他发现，笛子能发出声音，是因为有个中空的管道，以及其他控制气流的小孔。于是刘斌便想，是不是所有东西，只要有个中空的管道和控制气流的小孔，就能吹奏出笛子一样的声音来呢？如此想过后，刘斌开始利用生活中一切可以钻管道打孔的东西，一块砖、一段木方、一根黄瓜、废弃的灯管等，只要是管状、块状、柱状的物体，他都会拿来尝试。

经过成千上万次的试验，刘斌成功了。在他手里，随手拿来的任何东西都可以被他打出管道钻出孔变成乐器。也因此，刘斌被熟识他的人叫成了"管子哥"。而这时，他已经能用他自制的"笛子"吹出动听的笛音。越来越多的人被刘斌奇形怪状的"笛子"和美妙的笛音所吸引，认可了他，成了他的粉丝。但刘斌并未成为专业的音乐人，他更喜欢干着一份普通的工作过朴实的生活，因为这样才能没有干扰地继续他的乐器研究发明。

而刘斌之所以要走上《向幸福出发》节目，只是为了借这个舞台表达他对二大爷、二大娘的感激之情，感谢他们的养育之恩、再造之情。在节目中，朴实的二大娘说出了一个让人震撼的愿望："我希望斌……用他的这些乐器吹遍中国，有机会去外国，用外国的东西，吹出中国的声音来！"

相信，心怀感恩和执着梦想的刘斌一定会实现二大娘言语中的愿望。他的音乐人生路，一定会越走越宽，越走越美满。

13岁女孩空难奇迹

也门航空公司的一架客机坠毁在了印度洋。一个叫巴卡莉·巴希亚的13岁少女，在空难发生后，以不可思议的勇气在死神的重重围困中奇迹逃生，成了唯一的幸存者。

遭遇惊天空难

巴卡莉·巴希亚，出生于科摩罗岛西南部一个名叫尼欧马德扎哈的小山村。从懂事起，父母就教导她："亲爱的，无论你处于何种艰难的环境里，千万不要失去抗争的勇气。只要敢于抗争，绝不放弃，上帝便一定会赋予你丰厚的回报！"巴卡莉牢牢地记住了父母这句话。在生活中，在遭遇困难时，她总是高昂头颅，勇敢面对，绝不认输。

跟着父母移民法国南部城市马赛后，在居住的第十四街区，巴卡莉像一朵清新的雏菊，感染了每一个认识她的人。周围的人都很喜欢她，亲切地叫她"天使巴卡莉"。看到女儿健康快乐地成长，她的父母非常高兴。

巴卡莉13岁这年夏天，母亲告诉她，要带她回家乡科摩罗探亲。移民法国后，巴卡莉对儿时的伙伴无比想念，但距离遥遥，她只能通过书信和伙伴们联系，最直接的也就是打打电话而已。因此，母亲的决定让她感到非常兴奋，她又可以见到儿时的伙伴了。

她和母亲登上了从巴黎戴高乐机场起飞的也门航空公司的空客A330。在飞机上，巴卡莉将头靠在母亲肩膀上说："妈妈，今天真是个好日子，我要见到朋友们了。"母亲轻轻拍着她的手，笑着说："亲爱的，到时你要和朋友们好好交流交流。"巴卡莉开心地点了点头。

当巴卡莉和母亲在也门首都萨那换乘一架飞往科摩罗首都莫罗尼的空客A310后，她更加兴奋，仿佛朋友们已经出现在她眼前一般，正进行热情的交流。她拿出随身携带的一圈橙色绸绳，给他们编幸运扣作为礼物。想起伙伴们接过她亲手编的礼物，巴卡莉笑脸如花。

　　三个多小时后，巴卡莉和母亲搭乘的飞机抵达了科摩罗首都莫罗尼上空。透过机窗玻璃，她看到了机翼下灯火通明、一片繁华的城市。听着空乘服务员甜美的声音，巴卡莉知道，飞机即将降落，她的心跳顿时加快起来。飞机降低高度，试图降落伊可尼机场。但令机上所有乘客意外的是，在他们甚至可以清楚地看见机场跑道上明亮的灯光时，飞机再一次被拉升起来。

　　突然出现的变故，让机上的乘客顿时议论纷纷。有乘客质问空乘服务员："飞机出什么问题了吗？"空乘服务员一脸微笑着道："机长会告诉我们具体情况的。"听过空乘服务员的回答，机舱内有乘客谈起了月初发生在大西洋上空的法航空难。月初发生的法航空难一向关注新闻的巴卡莉也知道。在那次空难中，机上的200多名乘客和乘务组工作人员无一生还。刚获悉空难消息时，她为那些命丧空难的人们难过不已。听着机舱里乘客们担忧的议论，巴卡莉侧头一脸疑惑地问母亲："妈妈，我们坐的飞机也有危险吗？"母亲伸出手轻轻地搂着巴卡莉的肩膀说："亲爱的，我们很安全，不会有事的。"

母亲的话让巴卡莉感到一阵轻松，她又忍不住想念即将见面的伙伴们。在她思绪翩翩时，时间不知过了多久，飞机上广播里响起的要求乘客系好安全带的声音惊扰了巴卡莉的思绪。在她将手中的橙色绸绳放进衣袋时，母亲将手伸过来，检查她的安全带是否系好。乘客们在系安全带时，都感到非常紧张。顿时，机舱里弥漫着一股紧张的气氛。母亲笑着对她说："亲爱的，我们不会有事的。无论发生什么，我们都会顺利挺过去的。"细心的巴卡莉从母亲的笑颜中看到了几丝忧色。想起父母从小的教导，巴卡莉拍拍母亲的手说："妈妈，别担心我，我会照顾好自己。"听过她的话，母亲脸上露出了欣慰的微笑。

看着母亲，巴卡莉心里暖洋洋的，全然没有其他乘客所有的那种紧张。正在这时，飞机发生了剧烈的颤动。在颤动中，机舱里响起了一片尖叫声。巴卡莉被刺耳的尖叫声以及飞机的剧烈颤动弄得头晕目眩。她侧过头去看母亲，发现母亲正一脸关爱地看着她。巴卡莉没有想到的是，这是她人生中最后一次直视母亲的目光。

巴卡莉张开嘴，想对母亲说："妈妈，我们没有事吧！"然而，她张开的嘴还未发出声音，全身突然有种触电一般的感觉，酸麻无比。这种触电的感觉，巴卡莉不知道维持了多长时间，或许很长，或许很短。在头晕目眩中，她的身体产生了一种强烈的失重感。而后，失重感倏然消失，她整个人陷入了一片无边无际的黑暗中。

在无边的黑暗中，巴卡莉不知道自己已经昏迷，更不知道她搭乘的这架飞机和月初的法航客机一样，也发生了坠毁。

少女命悬怒海

巴卡莉搭乘的这架飞机坠毁在了距离科摩罗群岛海岸线数十公里的印度洋上。此时，这一片海域正刮着劲猛的风，海面上卷起了一排又一排恶浪。

　　或许是上天垂幸巴卡莉。在飞机坠入滔天巨浪的那一刻，她竟然十分神奇地被弹出了机舱，而没有随着机舱一起沉入大海深处。汹涌冰凉的海水，向处于昏厥状态的巴卡莉挤压过来。咸咸的海水钻进了她的鼻子和嘴巴里，她被呛得剧烈地咳嗽起来。难受无比的巴卡莉顿时从昏厥中醒了过来。

　　直到这时，巴卡莉才知道她乘坐的飞机已经坠毁在了午夜的茫茫大海中。醒来之后，巴卡莉感觉到自己的身体正缓缓地向大海深处沉没，求生的本能让不会游泳的她拼命地摆动四肢。在四肢的拼命摆动中，她竟然神奇地浮出了水面。巴卡莉努力将头抬出水面，希望能够看到和她一样还活着的人。然而，大风卷起的巨浪，使劲地冲击着她的眼睛，漆黑的世界让她根本就看不到任何别的人。

　　大海并没有对这个刚刚从死神的魔掌中逃离的少女留情，海水以不可阻挡的速度卷向了她。冰凉的海水，带着苦涩的盐分冲击着她的鼻子和嘴巴。在海水的冲击下，巴卡莉的四肢越来越乏力，意识渐渐有些模糊。但强烈的求生欲望使她情不自禁地发出了呼救声。可是茫茫印度洋上，在这片飞机坠毁的海域里，又有谁能向这个不甘服输的少女伸出援助之手呢？巴卡莉没有想那么多，她只想活下去，她不想就这样被海水淹没。她张开嘴喊道："有人吗？""妈妈，你还活着吗？"然而，漆黑的夜色里，唯有风声和浪声进入到巴卡莉的耳朵里，再无其他人的声音。巴卡莉感到绝望。

　　在绝望中，她的四肢越来越僵硬。漫过巴卡莉脑袋的海水，再次让她呛得十分难受。在这种难受的压迫下，巴卡莉忍不住再次拼命地舞动四肢。她再一次依凭四肢摆动的浮力浮出了水面。浮在水面上的巴卡莉大口地呼吸着空气。四周依旧一片漆黑，她什么也看不到。在心境灰暗之时，巴卡莉想到了父母曾经对她说过的话："无论你处于何种艰难的环境里，千万不要失去抗争的勇气。只要敢于抗争，绝不放弃，上帝便一定会赋予你丰厚的回报！"想到这里，她对自己说："我决不能放弃，放弃不是巴卡莉的性格。"她心里给了自己希望：要不了多久，人们就会发现她搭乘的这架客机失事，就会派出救援人员前来。只要等到了救援人员，她就可以活下去。

　　"妈妈现在怎么样了呢？"巴卡莉心想。随即，她在心里祝
福："妈妈一定会和我一样好运的。"巴卡莉坚信，她的母亲也和
她一样活着，只是汹涌的海水让她们暂时无法碰面而已。她相
信只要活下来，她就能和母亲相遇。在这些思绪的促动下，巴
卡莉原本有点慌乱的心渐渐平静了下来："掉进水里，千万不能
慌乱。"如此一想，巴卡莉不再盲目呼救，也不再胡乱地舞动四
肢消耗过多的体力，而是尽力让自己不沉进幽深的海水里。她
明白，慌张只会让情况越来越糟。老师曾经告诉过她："在任何
危难情况下，都必须保持一颗冷静的心。"

　　"我绝不能放弃，绝不能放弃！"巴卡莉不停地对自己说。
她勃发的勇敢再一次感动了上天。在她艰难地与海水搏斗时，
伸手间不觉碰触到了一个硬硬的漂浮物。碰到这个漂浮物后，
巴卡莉赶紧双手用力抓住了它。依托漂浮物的浮力，已经疲惫
不堪的她得到了片刻的休息。如果没有这个及时出现的漂浮物，
或许再稍微后延一会儿时间，感觉有些筋疲力尽的巴卡莉就可
能无力再坚持，从而葬身深不知底的大海。

　　心怀希望的巴卡莉，并不知道自己抓住的是个什么东西。

事实上，此刻她抓住的是一个散落在海面上的飞机座椅。座椅的浮力让巴卡莉酸软的四肢暂时得到了休息。她紧紧地抓住漂浮物，将头距离水面更高些。这样一来，苦涩的海水便不能像开始那样一下又一下地侵袭她的嘴巴和鼻子。

在巴卡莉有了可以借助的漂浮物后，大海似乎很不服气，愤怒起来，变得比刚才更加凶恶，卷起了更大的浪，一股脑儿地冲向了巴卡莉。在如此恶劣的大海里，她能坚持住吗？为了不让疲惫的自己昏睡过去，巴卡莉不停地在脑子里想一些开心的事情，想她和爸爸妈妈一起出游的情景，想她和朋友们一起活动的场景……想起这些，巴卡莉心里涌起了更加强烈的求生欲望。她想："我一定要坚持下去，妈妈得救后见不到我，那该多伤心啊！"

在苦涩海水的浸泡下，巴卡莉感到身上阵阵地刺痛，双腿像在燃烧一般。她不知道的是，在这起空难中，她的身上多处被严重灼伤。在巨浪翻滚的大海上，身上多处灼伤的巴卡莉，能够坚持到救援队伍的到来吗？

绝境完美求生

　　长时间被含有大量盐分的海水浸泡，巴卡莉在坠机时灼伤的手感到一阵麻木。突然，一个大浪打了过来。巴卡莉手上一轻，漂浮物和她的身体脱离开了。同时，大浪的压力也将她整个人按到了水下。之前睡意绵绵的巴卡莉，再次呛进了大量苦涩的海水。她被呛得难受无比，睡意也因此倏然而去。巴卡莉双脚使劲一蹬，借力浮出了水面。

　　浮出水面后，巴卡莉做的第一件事情便是寻找那个漂浮物。她知道，不借用漂浮物的浮力，她很难坚持到救援人员的到来。幸好上天在给予了巴卡莉巨大的灾难后，将运气留给了她。她丢掉的漂浮物并未被大浪冲远，就在她身前一米多的地方摇荡着。感觉自己全身就像要散架一样的巴卡莉使劲地用手划水，靠近漂浮物，并紧紧地抓住了它。抓住漂浮物后，她长长地舒了一口气。

　　尽管再次抓住了漂浮物，但巴卡莉知道，如果久等救援人员不到，她的双手肯定会在又饥又饿中力量尽失。真到了这个时候，即便面前放着一条船，她也会命丧大海。"如何才能让自己和这个漂浮物牢牢地连结在一起呢？"巴卡莉突然想到了飞机失事前，她装进衣袋里的橙色绸绳。她腾出手去一摸，绸绳还在。巴卡莉掏出绸绳，而后又在漂浮物上摸到了一个突出的像把手一样的东西。她用绸绳将自己的一只手紧紧地从臂膀处绑在像把手一样的东西上。随后，巴卡莉尝试着将另一只手松开。当这只手完全松开后，她的身体并没有和漂浮物分离开。

　　经过这一番折腾，巴卡莉有一种筋疲力尽的感觉。看着茫茫的大海，听不到一个人的声音，她感到非常寂寞。此刻，巴卡莉好想躺在父母温暖的怀抱里。然而，猛烈的风浪声，让她的所有想法都成了空。巴卡莉感觉累极了，好想什么也不想地睡过去。然而，疲惫不堪的她在闭上眼睛后，却无论如何也无法入睡。大海里的一切，让她感到非常害怕。

　　在巴卡莉无比惊惧的状态下，时间一分一秒地流逝。在她的等待中，天渐渐地亮了。看着从大海尽头冉冉升起的太阳，巴卡莉生的希望更加猛烈地燃烧起来。她知道，天一亮救援人员才能更好地发现她。看着耀眼的橙红色太阳，巴卡莉突然想到了衣袋里还未用完的橙色绸带。她将绸带掏出来，将其一圈圈地解开，让其漂浮在海面上，形成了数平方米的橙色。喜欢看书的巴卡莉知道，在大海里，橙色最是醒目，肯定最容易让救援人员看到。

在巴卡莉等待救援人员的时间里，飞机失事的相关信息也迅速传到了科摩罗的相关部门，一场和死神赛跑的大营救迅速在科摩罗和周边国家展开了。谁都没有想到的是，在印度洋上，一个13岁的少女正在苦苦地等待他们，并经历着飞机坠毁后的又一惊魂时刻。

看着高远的天空，巴卡莉心里的恐惧消逝了很多。而此时，咆哮了一夜的大海也平静了下来，海面变得十分安闲。不再被大浪推来推去的巴卡莉感觉舒服了一些。她尽力抬起头，希望能够在大海中看到能够带她脱离苦难的船只。可她抬起头来看到的一幕使她顿时大惊失色。在距离巴卡莉20多米远的海面上，露出了数个背鳍。喜欢看动物节目的她知道，那是鲨鱼。正如巴卡莉所想的，那的确是几条鲨鱼，它们被飞机失事后遇难者的血腥气味吸引了过来。

看着游荡在周围的鲨鱼，巴卡莉恐惧万分。她知道，一旦这些鲨鱼对她展开攻击，她肯定难逃一死。巴卡莉在心里不停地祈祷："上帝啊，请保佑我，让这些鲨鱼离开。"良久，游荡在她周围的鲨鱼并没有攻击她的意图。在巴卡莉的不停祈祷中，鲨鱼的背鳍渐渐地消失在了海面上。看着再次陷入平静的海面，她知道，自己又一次度过了危机。巴卡莉没有想到的是，她用来发信号的橙色绸绳救了她一命。在大海里，有一种剧毒的海蛇，身体呈橙色。这种海蛇的毒对鲨鱼的杀伤力非常大，而鲨鱼也尽量对这种海蛇避而远之。游荡在巴卡莉周围的鲨鱼，把那些橙色的绸绳当成了海蛇。

凭借顽强的意志，巴卡莉坚持着。在条件恶劣的大海里，她完成了一个成年人都几乎不可能完成的事情。飞机坠海后第2日下午5时许，在大海上漂浮了13个小时之后，在人们对客机失事事故是否还有幸存者悲叹时，科摩罗救援队伍在失事海域找到了巴卡莉。奇迹般生还后，她被紧急送往了科摩罗埃尔·马鲁夫医院。院方对其进行了全面的身体检查，医护人员惊奇地发现，巴卡莉身上除了几处灼伤外，并无其他伤痕。面对这不可思议的奇迹，医护人员忍不住惊叹："巴卡莉的健康状况良好，令人难以相信她在水中漂流了如此长的时间。"

带伤的巴卡莉在法国官员陪同下乘坐一辆救护车离开科摩罗埃尔·马鲁夫医院，在机场登上一架前往巴黎的专机。看到陪伴在身边的父亲卡西姆，死里逃生的巴卡莉感到无比幸福。

对于巴卡莉能够在客机失事 13 小时后奇迹生还，有关专家分析道："这是个奇迹。导致这个奇迹发生的，或许就因为巴卡莉还是个孩子，那个浮力并不大的客机座椅，刚好能够承受她的重量。而在茫茫大海中，她无意中用来求救的橙色绸绳，也使她避开了鲨鱼攻击。"

无论专家的分析是否正确，我们都应该为也门空难中唯一幸存者巴卡莉欢呼。在这起客机失事中，其他 152 人全部遇难，而 13 岁的巴卡莉能够在经历灾难后幸存下来实在是个奇迹。其实，造就这个奇迹的原因很简单，那就是少女巴卡莉心中绵延不绝的对生的希望。

别活在过去的赞美里

最近很怕见朋友！你这么告诉我。

你说没干对不起朋友的不耻事，也没干见不得人的龌龊事。怕和朋友见面，是怕他们谈起"你过去如何了得"这类话题。

原本被人当面赞扬，不管怎么说都该是件美事。如果时间倒退一些，这种美事你其实蛮喜欢的。因为多年前，你确也有着让不少人羡慕的成功。在相当长时间里，你喜欢枕在那些成功上，享受来自四面八方的赞美。

具体从什么时候开始，怕上朋友们谈论过去的那些成功事，你已经记不清了。但每次听他们谈起，都抑制不住心头的酸涩，只能开口自嘲"好汉不言当年勇"。

但现实颇为残酷，你与好汉相去甚远。大概，就因为不是好汉，才害怕被朋友们提起过去吧。你的心越来越脆弱，越来越敏感——他们明里说我"过去如何了得"，是不是觉得我现在很普通啊。

　　不需要他人指出，你的确就是普通。但普通如你，也不愿做个傻子，真以为自己有什么了不得。即便有，那也属于遥远的过去。现在，你如果有可以让朋友们张口就来的成功，他们何需挖空心思找你过去的成功事来提啊。

　　人家谈论你老皇历的成功往昔，怕也是出于无奈吧！这可能是一种礼节，不过想多点不让见面冷场的谈资。再看看朋友们吧，不是这公司老板，就是那企业老总，甚或某局局长、某处处长。

　　这个世界上，当然是普通人居多。普通的方式有很多，比如普通的成功、普通的家庭、普通的工作等。但这些普通都不可怕，可怕的是普通者不知普通，平庸者不知平庸。有句话是这样说的，不想当将军的士兵不是好士兵。换言之，普通者不知普通，其实是没有进取心，是自欺欺人。

　　想想吧，你到底要做哪类普通人，有个很关键的指标——在朋友们谈及你过去的成功时，你会处在一种什么心境里。如果心安理得，那平庸就很正常，无为也很正常。活在过去的成功里，你自然难以创造今天的成功。

莎士比亚说："我们不要用过去的哀愁拖累我们的记忆。"它可以变成这样一句话：我们不要用过去的成功，拖累我们今天本该取得的成功。

《伤仲永》这个故事，但凡读过几本书的人都知道。那个叫方仲永的神童最终一事无成，沦落为平庸之辈，实则因为他仰躺在过去的成功上，坐吃山空。

过去是用来告别的，不是用来享受的。贪图享受过去，结果只有一个——方仲永的例子生生摆在前面。

有一个人也许与你的经历相似。他说，前几天一位很久未见面的高中同学，辗转各种线索加了他的微信号。在他通过申请后，同学说的第一句话就让他心痛彻骨。同学说："兄弟啊，终于找到你了，我埋头苦读、胆战心惊时你已经展翅高飞了。现在飞更高了吧……"

他赶紧截住话头，害怕同学再说下去。这位久未联系的同学，大概不太了解他而今的尴尬处境，才有了那般羡慕吧。但他还能不了解自己吗？

朋友说，这些年，他虽然没有枕着过去睡大觉，但无所作为也到了汗颜的地步。他害怕和朋友见面，其实是害怕回忆，回忆会让他看到那个千疮百孔的自己。

既然害怕回忆，那就学会忘记，不要再去回忆。巴尔扎克说："如果不忘记许多，人生无法再继续。"只有抛开过去的自己，积极面对未来，现在的我们，才能真正走出铿锵的节奏。在这样的节奏面前，周围的人都会不由自主被感染，从而忽略你过去那些，不管是成功的事还是糗事。

英国有句谚语这样说："过去属于死神，未来属于你自己。"那就远离死神吧！别给他人拿你过去的成功作谈资的机会。

倾家荡产打造"贪吃"梦想

"1，7，0"，呆望着这三个数字，张同金心头像压了一座大山，苦不堪言。因为在数字后添上"万"字，就成了他的欠债总额。从批发小百货生意坐拥数百万身家，到欠债超过 170 万，张同金只经历了短短两年。

艰难走到这一步，并非他不善经营，也非他嗜赌成性，输光家产，而是"贪吃"造成的。因为贪吃，张同金把战友偶然的一句话当成了梦想去追求，不惜倾家荡产。

十多年前，张同金是一名军人。每次探亲归队，他的随身行李里都少不了一个被他视若珍宝的包。一次，同座乘客指着那个包小声说："小伙子，随身带这么多钱，你胆儿太大了吧！"

不知怎样回答的张同金，在愣神片刻后，轻轻打开了那个包。看着被打开的包，乘客一脸惊讶："这么多煎饼！你卖煎饼的吗？"

　　那人说对了一半，包里装的确实是厚厚一摞煎饼。但错了另一半，张同金不是卖煎饼的。不卖煎饼，带那么多煎饼干吗？这得从张同金贪吃的嗜好说起。他是山东莒县人，从小爱吃口感筋道的煎饼。但参军后，这个喜好很难及时满足，部队可不是想吃煎饼就能吃到的。为弥补一年半载吃不到的遗憾，每次探亲归队，张同金都会带上一大包煎饼。

　　他带去的煎饼，战友们都抢着吃，称赞有加。这让他感到很自豪。但每次战友们都意犹未尽，他们都觉得煎饼很好吃，但就是太少了，不过瘾。张同金解释说："煎饼都是手工烙的，一张张烙，很是费时费力。"有战友插嘴道："有煎饼机就好了，肯定比人工快。"

　　战友的异想天开，让张同金心里一动："如果我能造出煎饼机，想吃煎饼按下开关就成了。"随即他又觉得，"哪那么容易啊！"

　　张同金造煎饼机的梦想还没来得及细想，便退役并被分配到莒县柠檬酸厂发酵车间上班。但这个班，他只上了29天便成了下岗工人。张同金不甘接受生活摆布，从做熟食、大米等小生意开始，后发展为小百货批发。但他并未满足，接下来 5 年多，在诚信经营下，他成功代理国内 10 多个品牌，身家积累到了数百万，成为莒县声名在外的百万富翁。

　　一位战友到莒县出差，张同金以"地主"身份热情招待了他。看着满桌子丰盛的菜肴，战友一脸怀念："还是你当初带的煎饼好吃！"

　　战友的感叹，倏然间激活了张同金造煎饼机的梦想。这些年，他贪吃煎饼的喜好从未断过。而且他发现，周围很多人都喜欢吃。但而今城里人很少有烙煎饼的，大家都觉得麻烦费事。而在农村地区，煎饼大都是老年人在做，产量低，卫生也得不到保障。"如果有仿手工智能煎饼机，一定会得到煎饼爱好者喜欢。"张同金越想越兴奋，觉得煎饼机大有市场。

　　随后，张同金走上了制造煎饼机的路。他和战友合资开了一家工厂，专门研究制造煎饼机。对从未搞过发明的人来说，想要凭激情搞出灵光一现的发明，这就像让刚出生的婴儿去和博尔特比百米赛跑，结果可想而知。不管张同金有多大激情，制造煎饼机的道路都充满艰难坎坷。因为张同金太专注煎饼机，他的小百货批发生意便被搁置了，几十万积压货品在厂库里发霉烂掉。即便如此，想起煎饼那让人令人垂涎欲滴的味道，张同金没有任何止步的想法。

他的煎饼机制造厂聘请了一位高级工程师，还有 18 名工人。在总结优化烙煎饼的各个步骤基础上，经过一次又一次尝试，张同金梦想的煎饼机终于造出来了。望着崭新的机器，他仿佛看到吃货们手拿煎饼机烙出的煎饼，美美品尝的画面。但理想很丰满，现实很骨感，张同金的兴奋心情未能维持太久，便被沉甸甸的现实打击得体无完肤。

首批煎饼机投放市场后，并未赢来他预想中的喝彩。不仅如此，卖出去的 3 台 6 盘鏊子煎饼机还被全部退货，直接损失超过 40 万元。加上建厂、前期研究开发等费用，张同金在将做小百货生意赚的家产花个精光后，还欠下了 170 多万元外债。厄运并未就此结束，看不到希望不想再亏下去的合作伙伴也退了股，工程师和工人尽皆辞职。原本热火朝天的煎饼机制造厂，一夜间只剩下张同金孤零零一个人。

看着空荡荡的厂房，他有些茫然："我该怎么办呢？是回去经营小百货，还是坚持造煎饼机的梦想呢？"转身经营小百货，没有本钱，坚持梦想，又没有资金，似乎走哪一条路都走不通。张同金无所适从，下意识地将手放进了衣袋里。

一张带着热气的煎饼碰触到了他的手。掏出那块煎饼，他狠狠咀嚼着，味道依旧那么美。顿时，张同金坚定了主意："这或许是天意吧！"

他决定孤注一掷，将最值钱的家产——那台在莒县刚上市就买下的新式帕萨特卖掉。一个人坚守在煎饼机制造厂，张同金坚信会拨开云雾见青天。他仔细研究之前生产的 6 盘鏊子煎饼机，并广泛征求退货客户的意见，发现了它们的最大问题：能耗大，效率低。这样的煎饼机被嫌弃、被退货，不怪客户。找到症结后，张同金看到了胜利的曙光。

俗话说"功夫不负有心人"，在继续坚持一年多，饿了吃煎饼、渴了喝自来水的情况下，张同金终于造出了 75 厘米单鏊子仿人工智能煎饼机。新煎饼机克服旧煎饼机的问题，以能耗少、效率高等优势，赢得了客户青睐。

张同金煎饼机制造厂生产的 30 台 75 厘米单鏊子仿手工智

能煎饼机，一经投放市场便销售一空，成了抢手货，同时他还接到了来自河北、日照和临沂等地的大量订单。未来，在张同金的坚持下，露出了美丽迷人的笑脸。

　　因为贪吃煎饼，张同金在战友点拨下，灵光一现，萌生了制造煎饼机的想法，即便到倾家荡产的地步也没有放弃。最终，成功走向了他。

挑战不可能

0.3 秒，你可以完成什么事情？

"我可以眨眼一次！"这可能是你的回答。但 0.3 秒，你真的可以完成一次眨眼吗？答案是你不能，因为正常眨眼一次需要 0.4 秒。

但 20 岁的唐馨洋，用眨一次眼都不够的 0.3 秒在央视大型励志节目《挑战不可能》中创造了一个奇迹，成功挑战逆风射箭项目。

顺风射箭才射得更远，才能更好把握靶心，这种常识相信很多人都知道。但逆风射箭，风速不仅会阻碍箭矢前进，更会对箭矢方向造成阻碍。由此可见，逆风射箭难度极大。

但唐馨洋要挑战的不仅是逆风射箭。在她身前 25 米开外放着一个箭靶。箭靶和她之间，还有 4 台正在旋转的风扇。唐馨

洋要做的，是让仅有的 3 支箭矢穿过正在旋转并排成一线的 4
台风扇，还要命中靶心。3 支箭矢，表示她只有 3 次机会。据主
持人介绍，4 台风扇转动时形成的通道时间只有 0.3 秒。

　　唐馨洋迈开步拉起弓弦，倏然射出了第一箭。只听"砰"
的一声，箭矢落在了箭靶上。但遗憾的是，箭矢没有射中靶心，
不算挑战成功。在短暂失望后，唐馨洋满怀希望地射出了第二箭。

　　可是，第二支箭矢连风扇也没有穿过，就被旋转的扇叶打
落在地上。看着断成几截的箭矢，唐馨洋顿时紧张起来。她上
齿紧咬着下唇，不发一言，眼角闪着晶莹欲滴的泪花。

　　唐馨洋手里还有最后一支箭矢。如果这支箭矢不能命中靶
心，她的挑战将宣告失败。唐馨洋会成功吗？她能够跨进《挑
战不可能》的"荣誉殿堂"吗？唐馨洋深吸一口气，最后一次
拉满了弓弦。

　　挑战大厅静极了，只有风扇扇叶转动时产生的"呼呼"响声。

　　唐馨洋像一尊雕像，站在 4 台旋转的风扇前，纹丝不动，
双目一眨不眨地盯着前方的箭靶。良久，最后一支箭矢从她松
开的弓弦上飞了出去。随着"砰"的一声闷响，25 米外的箭靶

上，正中靶心的箭矢轻轻颤动着……

顶住巨大的压力，用最后一支箭矢抓住 0.3 秒，唐馨洋成功地将它射进了 4 台旋转的风扇后的靶心里。面对挑战现场人们的热烈祝贺，她的脸上露出了一丝会心的微笑。

唐馨洋创造的奇迹让人惊叹。但热烈祝贺的人绝不会想到，眼前这位正露出甜美笑容的女孩，在钟爱的射箭事业上曾遭遇过近乎毁灭性的打击。

唐馨洋原是北京射箭队的队员，心怀世界冠军梦想，期待有一天能在国歌声中站到高高的颁奖台上。然而，她的这个美好梦想却被不幸受伤的肩部粉碎了。了解射箭的人都知道，对射箭来说，健康的肩部非常重要，健康的肩膀才能产生拉动弓弦的稳定力量。尽管非常不舍，唐馨洋还是泪流满面地选择了退队。

随后一段时间里，唐馨洋陷入了惶惑迷茫中。一次，她前往北京某体育俱乐部办事，看到一群孩子正不停地重复拉动弓弦瞄准箭靶，她心里顿时一动，倏然想起曾经那个梦想。"我怎能这样心灰意冷放弃梦想？"放下痛苦的唐馨洋再次点燃梦想——"我成不了世界冠军，但我可以尝试教世界冠军。"

随后，她应聘到一家体育俱乐部成了射箭教练。在教授学生时，为给学生们做示范，唐馨洋强忍肩部疼痛，再度拿起了弓箭。心怀绝不放弃梦想的唐馨洋，很快便成了最受学生们欢迎的老师。

听闻《挑战不可能》的逆风射箭项目后，涉过失败泥沼的唐馨洋勇敢地走上了挑战现场，并抓住那 0.3 秒的通道，跨进了令人艳羡的"荣誉殿堂"。

一颗猪心救活梦想女孩

"猪心"能成功移植到人体中并正常工作吗？英国《每日快报》《太阳报》刊发的一条消息，让这个问题拥有了一个肯定答案：英国西丹巴顿郡克莱德班克市金禧医院的医学专家们创造了一项医学奇迹，将一头猪身上的心脏瓣膜成功移植到一位叫罗宾·凯尔尼的少女心脏上，让她一度近乎失效的心脏焕发了活力，并使她以自信的姿态走上了 T 型台……

女孩患罕见心脏病

现年 18 岁的罗宾·凯尔尼住在英国格拉斯哥市鲁查兹地区。爱美的她极喜欢 T 型台上踩着音乐节点窈窕而行的模特。名模乔丹是罗宾的偶像，梦想有一天自己也能像她那样名满天下。然而，上帝在赋予罗宾完美的体型后，却在她的心脏上留下了遗憾：患有严重的心脏疾病，罗宾不宜过量运动，否则会危及生命。

患有心脏病的罗宾似行走在雷区一般，致命威胁可能随时而至。因此，医生向罗宾的父母提了两点建议：一是在找到合适的捐赠心脏后给罗宾进行心脏移植手术，消除潜在的隐患，但实施这一手术风险巨大；二是务必降低罗宾的运动量，让她不适宜过重负荷的心脏能够处于相对平缓的状态。可是实施心脏移植手术即便获得成功，罗宾的胸膛上也将留下一个10多厘米长的疤痕。因此，有着模特梦想的她拒绝接受手术。罗宾用溢满悲伤的眼睛看着父母说："身上留下如此长的疤痕，我还怎么做模特？不能做喜欢的事，那样的人生还有什么意义！"

女儿眼睛里的悲伤深深感染了罗宾的父母，但他们不想女儿身上背负一颗随时可能引爆的炸弹。他们深情地看着罗宾说道："亲爱的，你不可以做模特。你的心脏不适合过量运动，而模特训练却极其辛苦。"来自父母的关怀让罗宾感到非常幸福，但她神情坚定地说："爸爸妈妈，难道你们不想女儿将最美的一面向世人展示吗？我不能因为惧怕便选择退却，从而做个懦弱的人！"罗宾的坚持让她一向开明的父母无可奈何，他们不能迫使女儿做不愿意的事。

在父母的亲情陪伴下，心怀梦想的罗宾报名参加了模特训练班，毅然走上了形体训练场。痴迷于做个名模的她，打算报名参加将在 2009 年底举行的苏格兰"梦想女孩"模特大赛。陶醉在训练的音乐声中，她完全抛开了医生的叮嘱。身体偶有不适时，罗宾在心里对自己说："亲爱的，你不能退缩，你一定会成功的。"对性格开朗训练刻苦的罗宾，训练场上的其他女孩都非常喜欢。但谁都不知道，一脸阳光的她竟然患有罕见的心脏病。

训练之余，心地善良的罗宾最喜欢和饲养的那头叫艾莎的宠物猪玩耍。艾莎极通人性，每每看到她归来，便会跑上前去用身体碰触她修长的腿。而她也会玩性大发，将艾莎当成 T 型台下的观众，在它面前走猫步。一想到自己的模特梦想，即使面对的是宠物猪艾莎，罗宾也走得有板有眼。正是这种绝对的认真态度，她成了模特训练班里最有发展潜质的一个。老师和同学们都相信，罗宾一定能在"梦想女孩"模特大赛中取得优异成绩，未来更是能在强手如林的模特界里占据一席之地。对此，自信的她从未怀疑过。

在罗宾把十二分的热情投入训练时，她父母一直担心的事情最终还是发生了。2009年5月上旬的一天，罗宾在当地一个体育馆锻炼身体，她突然感到头晕目眩、全身乏力、呼吸困难。在过去的锻炼中，她偶有全身乏力，但都能在稍事休息后得到恢复。罗宾赶紧坐到一旁的凳子上。然而，情况并未像过去那样得到缓解。随后，和罗宾一同锻炼的朋友发现她嘴唇发紫，呼吸非常急促。头晕目眩的罗宾感到面前一脸关切的朋友越飘越远，意识渐渐不再属于自己。朋友立即将罗宾送到了体育馆附近的医院，并紧急通知了她的父母。

接到罗宾朋友的电话后，罗宾的父母心急如焚，他们一直担心的事情最终还是发生了。罗宾的父母匆忙赶到医院时，经过医生的紧急抢救，罗宾已从昏迷之中醒来。看着憔悴不堪的女儿，罗宾的母亲握着她的手忍不住泪流满面。罗宾轻轻地动了动被母亲握着的手，一脸虚弱地说："爸爸妈妈，你们别担心，我一定会没事的，我还要参加'梦想女孩'模特大赛呢！"一向反对女儿进行模特训练的罗宾母亲，哽咽着说："亲爱的，我们一定会前去参加的。"

听过母亲的话，罗宾安心地闭上了眼睛。无论怎样，她都不能放弃她的梦想。

医生告诉罗宾父母，他们女儿在锻炼时，由于运动量过大，致使患有严重疾病的心脏负荷过重，目前经过抢救已暂时脱离了危险。但这次发病让她的心脏变得非常脆弱，必须尽快进行心脏手术，否则情况不堪设想。

医生的告诫让罗宾的父母心里咯噔一下："罗宾会接受实施心脏移植手术吗？"看着病床上安然入睡的女儿，想到她面临的危机，夫妇俩在心里暗暗发誓："无论如何也要让她不再受到疾病的困扰！"

"猪心瓣膜"驻人体

由于抢救罗宾的医院无法进行心脏移植手术，医生建议罗

宾的父母将其送到克莱德班克市的金禧医院。金禧医院位于英
国西丹巴顿郡，在心脏手术上独树一帜。在听过医生的建议后，
牵挂女儿病情的父母立即将她送到了金禧医院。想到女儿可能
进行的心脏移植手术，担心不已的父母忍不住暗自垂泪。他们
很清楚心脏移植手术会让患者承受巨大的风险，随时都可能殒
命在手术台上。然而，罗宾的这次晕倒让夫妇俩明白，如果不
及时进行心脏移植手术，她活下去的时日也是屈指可数的。

　　金禧医院的心脏病专家克莱德尔教授对罗宾进行了全面的
检查，最后得出结论：病人患有罕见的心脏疾病——主动脉瓣狭
窄及回流症，拥有一个先天性的二叶式主动脉瓣。这种心脏病
意味着她的大动脉非常狭窄，流向大动脉的血液很可能会回流
到心脏里，从而导致心脏罢工，出现生命危险。罗宾的父母一
脸紧张地看着克莱德尔教授说："教授先生，罗宾是不是需要进
行心脏移植手术？"

　　"患者的心脏病虽然极为罕见，但她只是心脏瓣膜出了问
题，并不需要接受'换心手术'更换整颗心脏。"克莱德尔教授
笑着说。随后，他告诉罗宾父母，只需要将一个健康的心脏瓣

膜移植到患者的心脏上，替换掉她失效的心脏瓣膜，以帮助她的心脏重新正常工作便可。

听过克莱德尔教授的话，罗宾父母紧张的心情稍稍得到了缓解。按照教授所说，女儿的心脏疾病固然罕见，但并不难救治。正在夫妇俩感谢"上帝保佑"时，克莱德尔教授的神情突然变得严肃起来："尽管心脏瓣膜移植手术并不难，但要寻找一个合适的人类捐赠者的心脏瓣膜却非常难。"

罗宾的父母异口同声地说："把我的心脏瓣膜移植到罗宾的心脏上吧！"眼前这对爱女心切的父母，让克莱德尔教授非常感动，但此法不可取。移植走了他们的心脏瓣膜，他们怎么办？随后，长期进行跨物种器官移植研究的克莱德尔教授告诉夫妇俩，合适的人类心脏瓣膜不易找到，但可以采取跨物种器官移植，用动物的心脏瓣膜进行替代。在罗宾的父母欣喜若狂时，克莱德尔教授口中说出的可替代动物却让他们瞬间目瞪口呆。克莱德尔告诉罗宾父母，在找不到合适的人类心脏瓣膜的情况下，把猪身上的心脏瓣膜移植到罗宾的心脏上将是最行之有效的移植方式。

　　"我们怎能让女儿的身体里有动物的器官呢？"罗宾的父母都情不自禁地摇了摇头。为了打消他们心中的顾虑，克莱德尔教授解释道，跨物种器官移植的专业名称叫作"异种生物器官移植"，对异种移植而言，最佳的动物选择是猪，因为猪的心脏和人类的心脏大小差不多，且猪的代谢也与人类十分相似，如此一来，在成功移植后，可最有效地减少排斥反应，患者也不需要终身服用抗凝剂。在听过克莱德尔教授的解释后，罗宾的父母依旧很难说服自己让女儿接受猪的心脏瓣膜。同时，他们也知道，女儿罗宾更不会同意接受猪的心脏瓣膜，养有一头叫艾莎的宠物猪的她，是一名喜欢动物的素食主义者。

　　在罗宾的父母犹豫不决时，克莱德尔教授说："作为医生，我不得不告诉你们，患者病情严重，必须尽快实施移植手术，而猪的心脏瓣膜是最容易找到的。"想到女儿躺在病床上的痛苦神情，夫妇俩最终无奈地同意了克莱德尔教授的建议。他们只希望女儿罗宾能够好好地活着，不再接受心脏病的困扰。

　　正如夫妇俩所预料的，罗宾在得知自己的心脏上将移植猪的心脏瓣膜后，无论如何也不愿意接受手术。她不愿意接受手术，并非歧视猪，反而是因为她太爱猪，容忍不了将可爱的艾莎的同类的心脏瓣膜移植到自己的心脏上。同时，她知道，进行心脏瓣膜移植手术，必将在胸膛上打开一个十多厘米的伤口。这道触目惊心的伤口，对心中有一个辉煌的模特梦想的罗宾而言是不可接受的。她害怕自己的模特之路就此走向夭折。

然而，老天留给罗宾的时间并不多。如果不及时进行心脏瓣膜移植手术，她因大动脉血液回流而变得无比脆弱的心脏随时都有罢工的可能。克莱德尔教授多次催促罗宾的父母，让他们尽快说服患者进行手术。

罗宾的母亲紧握着女儿的手说："亲爱的，爸爸妈妈希望看到你好好活着！没有了你，我们会孤独的。"母亲的话，像一阵风轻轻拂过罗宾的心，她感到鼻子酸酸的。看着病床旁一段时间来消瘦了许多的父母，她流着泪说："我也想好好活着，但我不想移植猪的心脏瓣膜。"罗宾的父亲说："亲爱的，移植什么心脏瓣膜并不重要，重要的是你必须活着，只有活着才能做想做的一切，包括成为名满天下的模特。艾莎不能没有你，爸爸妈妈更不能没有你！"

　　父母的话，让几天来因心脏病发而有些悲观绝望的罗宾眼前出现了一缕明媚的阳光："是啊，只有好好活着，我才能做想做的事！相信艾莎也会理解我的决定。"

远离自卑勇敢圆梦

　　豁然开朗的罗宾对一脸殷切的父母轻轻点了点头，以示同意。她知道，任何手术都没有百分百的把握，都存在一定风险，更别说器官移植手术了。但多年来患心脏病所经历的艰难，让罗宾对即将进行的心脏瓣膜移植手术充满了期望。

　　克莱德尔教授决定对罗宾实施心脏瓣膜移植手术。在手术实施前，他已经成功地从一头自身没有传染病的猪身上获取了可进行移植的心脏瓣膜。心脏瓣膜移植手术尽管并非高难度手术，但异种生物器官移植，要求器官源绝不能得某些传染病。一直以来，异种生物器官移植有个很大的风险，对器官接受者以及未参加器官移植的人来说都是一样的，因为动物疾病病原体的传染从来不会完，即便十分普通的感染的危险也是巨大的。鉴于此，长期研究异种生物器官移植的克莱德尔教授明白，即将进行的将猪的心脏瓣膜移植到罗宾心脏上的手术，依旧存在很多变数。将猪的心脏瓣膜移植到人的心脏上，是格莱德尔教授施行的第一例类似的异种生物器官移植手术。因此，这个看似并非高难度的手术极具现实意义，它将为心脏瓣膜疾病患者带来福音。

　　在进行心脏瓣膜移植手术前，罗宾向父母提出了要求，希望看到她的宠物猪艾莎。临进手术室时，想到自己的心脏瓣膜将被猪的心脏瓣膜所替换，罗宾用手轻轻地抚摸宠物猪艾莎的身体说："艾莎，只要手术获得了成功，从此以后，我们的联系便更加紧密了。"艾莎仿佛能听懂主人罗宾的话似的，在她的低语中哼叫了几声。罗宾的母亲走到女儿面前说："亲爱的，我们会一直在手术室外等着你平安归来。"望着父母，罗宾坚毅地点了点头。

　　罗宾被医护人员推进了早已准备好的手术室。此时，经过全身麻醉的她陷入了深度昏睡中。格莱德尔教授在罗宾胸部胸骨的正中线切开一条长约 15 厘米的口子，接着中断了心脏的血液供应。正被施行手术的罗宾的血液，则通过人工管道被输送到了心肺的旁路装置。该装置暂时代替了罗宾的心肺功能，维持血液的正常氧化和循环。随后，格莱德尔教授切除了罗宾病变的心脏瓣膜，将早已准备好的猪的心脏瓣膜移植到她的心脏上。移植手术共进行了 3 个多小时，取得了圆满的成功。

手术第二天，罗宾便脱离了呼吸机。从格莱德尔教授口中罗宾的父母得知，成功移植的这个猪心瓣膜，在女儿体内至少可以工作 20 年左右。到那时，罗宾将不得不再次接受心脏手术，往心脏上安装一个机械瓣膜。不过，那是 20 年以后的事情了。在这 20 年里，移植的这个猪心瓣膜，将使罗宾和普通人无异地生活。看着病床上一脸安详的女儿，夫妇俩忍不住相拥而泣。

格莱德尔教授的移植手术非常成功，罗宾在手术后，并未出现任何排异反应，猪心瓣膜和她的心脏融合得非常好。两个月后，罗宾奇迹般地恢复了健康。"从今以后的 20 年内，你完全可以像普通人一样生活，不用再担心心脏病可能带来的危险。"从格莱德尔教授口中得到的肯定答案让罗宾兴奋不已。她像一个快乐的天使一般站到了穿衣镜前，看着镜子里依旧身材窈窕的自己，她从未磨灭的模特梦想再次丰满起来。罗宾情不自禁地拿出自己的时装试穿起来。在她穿一件低胸的裙子时，突然看到了胸膛上的那道长达 15 厘米的手术创痕。一向自信的罗宾顿时心情低落："这样长一道创痕，一定会影响我的整体形象。"想到那些名模拥有的完美体形，她情不自禁地流下了伤心的泪水，心里隐隐有些自卑。

在罗宾伤心流泪时，艾莎冲到了她身旁，用身体碰触她修长的腿。罗宾蹲下身体，伸出手轻轻地抚摸艾莎的身体说："艾莎，我是不是不再适合做一个模特了？"宠物猪艾莎无法回答罗宾的疑问。"亲爱的，你一定会成为最好的模特，只要你拥有一颗坚强的心！"突然，罗宾身后响起了母亲的声音。罗宾回过头，发现母亲正一脸期冀地看着她。她喃喃地说："妈妈，我真的能吗？"一向反对她做模特的母亲坚定地点着头。

几天后，母亲将苏格兰"梦想女孩"模特大赛的参赛证递到了罗宾手里。母亲温柔地说："亲爱的，你会成功的。没有什么能够阻挡你。"

　　看着母亲，罗宾的手轻轻地抚摸着胸膛上的创痕说："谢谢你，妈妈。我想了想，能继续过正常的生活，这是我的幸运。因此，我将尽力去做生活中的每件事情。"

第二辑

放下包袱，
勇敢为梦想开路

在追求梦想的道路上，我们最想要的是什么呢？

没错，是我们对奇迹的渴望。

其实，奇迹一直都存在，等着我们去发现。

但太多的思虑，让我们忽略了原本存在的奇迹。

那么，放弃沉重的思虑吧，为梦想开路。

"跑"出来的留学路

不管目标有多远，只要坚持梦想，马不停蹄朝着它跑，终有成功抵达的时候。

威尔弗雷德是肯尼亚埃尔多雷特人，他从小的理想是当个工程师。受益于中国的援非计划，威尔弗雷德幸运地获得了宁波大学全额奖学金，成为一名留学生。但在只身抵达宁波后，还未来得及享受身处繁华都市的兴奋，严酷的现实便摆在了他的面前：高昂的日常生活费用，是他贫穷的家庭无法承受的。

中方免除了非洲留学生的学费，但日常生活费则需要自行解决。威尔弗雷德家在农村，一家八口依靠贫瘠的土地艰难度日，哪来多余的钱给他作生活费呢？为了节省，他忍饥挨饿数天才吃一顿饭。就算这样，带来的那点钱坐吃山空下去也会花得精光。

　　真到了那一天，威尔弗雷德只有一条路可走：哪儿来回哪儿去。但这，他绝对不愿意。山穷水尽之前，他还有一条路可走：自己挣钱！威尔弗雷德决定去找一份兼职，挣钱让自己的留学生活继续下去。结果很打击人，没有哪家单位愿意聘用语言交流困难的他。

　　"难道我真的要灰溜溜地回家吗？"就在威尔弗雷德痛苦不已时，他结识了早他而来的非洲留学生艾瑞克。艾瑞克问："你的长跑水平怎么样？"对自己的长跑水平威尔弗雷德一直很自信，他骄傲地一扬头："当然很棒啦。"艾瑞克一听，拍着他的肩膀说："兄弟，既然你擅长长跑，还愁什么生活费啊？"

　　"我是否擅长长跑与生活费有什么关系呢？"威尔弗雷德一脸迷茫。随后，艾瑞克告诉他，马拉松运动在中国很火，每年各种赛事多达数百场，而且这些比赛都有高额的奖金。听到这儿，威尔弗雷德犹如醍醐灌顶，豁然明白，艾瑞克是提醒他去参加马拉松获取奖金啊！

　　在艾瑞克的引导下，他踏上了"跑马拉松淘金"之路。非洲人特有的身体素质，以及从小以跑步为乐，让威尔弗雷德耐

力极强。更重要的是，他心里有不屈的梦想——留学不能半途
而废。他勇敢地向前跑，取得好成绩，拿到奖金。在这股劲头
下，威尔弗雷德报名参加的马拉松项目，都取得了不错的名次。

　　就这样，他从北国的"冰雪之城"哈尔滨，跑到了南方的
"椰城"海口，又从东端的上海，跑到了西部丝绸之路上的名城
敦煌。一路跑下来，威尔弗雷德如愿以偿赢取到了不菲的奖金，
最多时一个月能入账两万多元。他再也不会为留学生活费担心
了，不仅如此，甚至还能给家里寄回钱款，成为家庭的重要收
入来源。

　　但随着马拉松运动在中国的持续升温，催生了很多马拉松
经纪人。敬业的经纪人们无孔不入，找来很多非洲选手参赛，
中国马拉松赛场上刮起了一股猛烈的"黑色旋风"。越来越多的
强劲对手，让威尔弗雷德感到了前所未有的压力，如果他不跑
得更好，赢取奖金的机会就非常渺茫。想要跑得更好，就要有
足够强大的实力，而实力只能通过不停地训练才能提升。

　　为了跑得更好，在没有马拉松赛事时，威尔弗雷德每天都
会坚持跑步两小时以上，不管天晴下雨从不中断。他知道，自

己不能停下来，一旦停下来，就有可能在比赛中失败。而失败的结果就是拿不到奖金。这个结果，威尔弗雷德绝对不愿看到。在报名参加的马拉松赛事到来前，他还会每天进行加跑集训。通过这种不间断的努力训练，他让身体始终保持在最好状态里。

还没有完成中国留学之路的威尔弗雷德一脸阳光，充满了信心。他说："我擅长跑马拉松，只要不停地跑下去，我的中国留学路就一定能够走下去。"

设定好了目标，却因路途艰难或沿途美景而停下脚步的人，从威尔弗雷德身上定能获得积极的力量。

普通人与盲人

两个人到大山里去，一个是普通人，另一个是盲人。

路上，普通人牵着盲人的手，普通人心里被强烈的优越感所充满。看看盲人那双黯淡无神的眼睛，他愉快地想："人生在世，有一双明亮的眼睛真是太好了，可以看见想要看见的一切，可以发现新奇的事物。"普通人一边向前走着，一边给盲人描述着路边的景色："现在我们经过了一条两旁开满鲜花的道路，蝴蝶和蜜蜂在花丛间飞舞，小鸟在花的上空飞翔……"

"哇，上帝，这一切可真美好啊，可惜我看不见！"听着普通人口若悬河的描述，盲人一脸的向往，难以掩饰心里的遗憾。在普通人的描述中，盲人尽力想象着他们途经的所有美丽——郁郁葱葱的树木，漫山遍野的野花，纤云不染的天空，自由自在的飞鸟……

在盲人想象着无法看见的自然世界的美丽时，他听见普通人发出了一声尖叫。还没有来得及做出反应，他就跟着一脚踩空的普通人一起掉进了一个深深的洞坑里。幸好洞坑底部非常柔软，两个人才没有摔伤。

山洞里，只有从上方洞口射下来的那点亮光，这点亮光对于普通人来说，根本不够明亮。洞底距离洞口很高，无论如何是爬不上去的。承受着黑暗的侵袭，普通人满是恐惧地抱怨："真是太倒霉了，怎么就掉到了这里。这洞的出口太高了，我怎么才能出去啊？上帝啊，请帮帮我们吧！"

听着普通人的抱怨，盲人除了刚才那腾云驾雾般的感觉外，再没有别的什么体验。"喂，老兄，别抱怨了，既然暂时爬不出去，不如安心地等待经过这里的人救援吧！"盲人对普通人说。

虽然心不甘情不愿，但普通人知道盲人说的是事实。随后，普通人无奈地和盲人一起在洞底等待有人从洞口经过，只要有人经过，他们就有获救的可能。随着时间的推移，一天、两天、三天……好几天过去了，洞口都没有人经过。

这个洞口所在的位置太偏僻了。渐渐的，洞底的黑暗越来越紧地压迫着普通人。盲人呢？明白了怎么回事后，尽管心里也有些害怕，但是洞底的黑暗对他并没有什么负面影响。普通人遭受着黑暗的压迫和饥寒的侵袭，生命终于走到了尽头。摸着同伴的尸体，黑暗中的盲人执着地等待着奇迹出现。

　　奄奄一息时，盲人终于听到了洞口传来的脚步声，他拼尽全力地喊了一声。盲人被人们救出了洞，普通人的尸体也被拉出了洞。人们很奇怪，为什么盲人能活下来，普通人却先他而去呢？有人解释说："因为盲人看不见东西，早已习惯了黑暗的环境。而普通人被这种死寂的环境所压迫，在身体没有任何补给的情况下，经受着生理和心理的双重压迫，因此死去了。"

　　原来，盲人认为的缺憾救了他自己一命。人世间就是这样，看似缺陷，往往可能是一种潜在的优点。

肺里的冷杉树

　　亚特尤姆·西多尔金经常觉得胸部很痛，并经常咳出血来。
医生诊断其患了肺癌，而且已经到了晚期。突如其来的打击让
西多尔金曾一度陷入了痛苦的绝望中，丧失了活下去的勇气。
但来自家人和朋友的鼓励，促使他最终走上了手术台。在为他
施行肿瘤切除手术时，眼前的景象让医生们大吃一惊，他的肺
部竟然长着一棵已经 5 厘米高的冷杉树……

绝症降临逃离等死

　　28 岁的西多尔金家住俄罗斯乌拉尔地区伊热夫斯克市，是
一家知名建筑公司的设计师。三年前，在亲朋好友的真诚祝福

中，他和相恋两年多的女友潘克拉托娃携手走进了神圣的婚姻殿堂。

婚后，潘克拉托娃生下了一对可爱的龙凤双胞胎。看着一双可爱的儿女，西多尔金浑身充满了力量。"伙计，你可要干出一番不凡的事业来，才对得起所爱的人。"他对自己说道。此后他更加热情地投入工作中，经由他主持设计的工程获得了俄罗斯多项建筑大奖。在西多尔金准备再创辉煌时，不幸却从天而降了。

一段时间以来，他感到身体很容易疲劳，稍微用力便气喘吁吁。西多尔金认为这是太劳累所致。可在降低劳动强度后，他的情况并未见好转，而且他的肺部总是疼痛异常。西多尔金未将身体的不适告诉潘克拉托娃，他不想让她担心。

西多尔金肺部的疼痛越来越剧烈，甚至经常咳嗽出血。他被折磨得几近崩溃，无奈地走进了伊热夫斯克市医院。弗拉迪米尔·卡马谢维医生神情严肃地告诉他："西多尔金先生，在给你拍的 X 光片，我们发现你的肺部有一个疑似肿瘤的东西。"西多尔金难过地问："难道我患了肺癌吗？"卡马谢维医生说："根据你肺部那块像肿瘤的东西的大小推测，你可能是肺癌晚期。

我们可以旅行肺部肿瘤切除手术，但这个手术风险很大。"

听了卡马谢维医生的话后，西多尔金脸色苍白。他很清楚肺癌晚期意味着什么。即便手术，也不过是多活数月而已。不仅如此，在化疗和手术治疗时，他也会被折磨得不成人形，还会给家人带去巨大的痛苦。沉思良久，西多尔金决定："无论如何，我也不能让他们知道自己患了肺癌。"

西多尔金心里很清楚，无论如何遮掩，在病情恶化后，他也将无法再隐瞒。看着玩得不亦乐乎的儿女和做家务的妻子，他有了想法："躲到一个无人认识的地方，悄悄结束自己的生命吧！"

西多尔金对潘克拉托娃突然厌烦起来，总是挑她的刺。潘克拉托娃很诧异："亲爱的，你怎么了？"面对妻子质疑的目光，西多尔金心里很难过。

潘克拉托娃不知道的是，这一切都是西多尔金离家前的小伎俩。他把自己扮演成一个无理取闹的人，是为了在妻子心里留下坏印象，如此一来，在他离家后，她不会太伤心。事情按照西多尔金的计划一步步实现着。在夫妻二人又一次争执后，西多尔金提着行李离家出走了。

　　他来到了图阿伯谢市疗养院。图阿伯谢市疗养院的风景极为优美。西多尔金来到这里，是希望生命最后的时光能多一些美好的记忆。他打算在这个地方住上一段时间，而后选择自杀。他不想看到自己被癌魔折磨得不成人形的样子，即便死，他也要死得好看一点。

　　西多尔金没有想到的是，在疗养院里，他碰到了一个叫索拉图娜的女人。这个身怀六甲的女人，将他从死亡线上拉了回来。

誓与癌魔打场攻坚战

　　在图阿伯谢市疗养院，西多尔金将自己关在了房间里。他心里非常沉重，不知道自己的突然离开会给妻儿带去什么后果，但他不想他们眼睁睁地看着自己死亡。

　　疗养院的优美景致未能让西多尔金心情好起来，他无法不思念妻儿。在思念中，他的肺部疼痛加剧。看着咳嗽带出的血丝，他感觉自己大限将到。望着远处山顶上的积雪，西多尔金被强烈的挫折感所占据，内心有一股跳下悬崖的冲动。但脑子里不时闪现出的妻儿笑脸又让他下不了这个决心。再又一番难受的咳嗽后，西多尔金叹了口气。

"先生，您能扶我回去一下吗？"身后突然传来的话语，让西多尔金从迷茫中暂时清醒过来。他回过头，看见一个孕妇正一脸微笑地望着他。对此，他无法拒绝。在扶孕妇时，西多尔金知道她叫索拉图娜，是一位先天性心脏病患者。

西多尔金知道，患有心脏病的女人怀孕非常危险。妊娠和分娩对她们而言是严峻的考验，因为这极有可能引起她们脆弱的心脏心力衰竭。发现他疑惑的眼神，索拉图娜顿时洞悉了他的内心所想。看着西多尔金，她笑着说："很多人都劝我不要拿生命开玩笑，但我还是坚持要怀孕。医生并未完全否定我的怀孕计划，只是说这样危险很大。我不能因为危险就选择逃避。我太想做一个母亲了，太想和丈夫有一个属于我们的孩子了。"

索拉图娜目光中的坚毅，不觉间让西多尔金心里一颤。她还告诉他，她来到这家疗养院怀孕，是因为她不想生活中朋友的担忧干扰她，她要让自己保持一种平和的心态。望着西多尔金，索拉图娜一脸幸福地说："我从不觉得怀孕会给我带来危险，我一直想着自己肚子里孕育着一个天使。"

　　索拉图娜对危险的那种坦然心态，在不知不觉中感染了西多尔金。他知道，索拉图娜尽管描述得极轻松，但实际怀孕中的艰难一定远超出了他的想象。西多尔金情不自禁地想到了自己的肺癌，以及得知肺癌后的消沉心态。他自叹不如，可是心里依旧固执地不愿意让妻女眼睁睁地看着自己走向死亡。

　　西多尔金和索拉图娜成了朋友。索拉图娜告诉他，她的预产期还有三个月。望着湛蓝的天空，索拉图娜一脸期盼："真希望早日见到我肚子里孕育的这个天使。"西多尔金心想："她身体里孕育的是天使，那么我身体里孕育的便是魔鬼了。我怎么能让魔鬼操纵我的生命呢？"不知不觉中，他被乐观积极的索拉图娜所深深感染，他的心理渐渐积极起来。看着眼神忧伤的他，索拉图娜一脸关切地问："西多尔金先生，请原谅我的好奇。我想知道，你为什么一直都心事重重呢？"

　　被肺癌晚期压得疲惫不堪的西多尔金，面对索拉图娜的追问终于敞开了心扉。他将一切的因由都说了出来。对于他的逃避，西多尔金一直认为自己是因为太爱妻儿，太顾及他们的感受。但在听过他的叙述后，索拉图娜一脸严肃地说："西多尔金先生，原谅我的直接。我不认为你离开你的妻子和孩子，选择一个人孤独地走完最后的生命，是爱他们的表现。相反的，我认为你很自私。"

　　索拉图娜毫不留情的话语，顿时让西多尔金瞠目结舌："我……我……"半响，他不知道如何辩驳。面对他尴尬的神情，索拉图娜追问道："你想过你独自离家后，你妻儿的感受吗？你想过他们得知你死亡的消息后会何等伤心吗？"索拉图娜的一个个追问，像一把把重锤一下下地击打在西多尔金的心上："我想过吗？我真的很自私吗？"

　　看着西多尔金不知所措的样子，索拉图娜缓和了口气："西多尔金先生，没有尝试治疗，你怎么知道自己的肺癌就真的不能治疗好呢？这个世界上，原本有很多我们认为不可能的奇迹发生。"索拉图娜的话顿时打开了西多尔金的心结："医生并没有说不可治疗，我怎么就选择了自我放弃呢？"西多尔金紧紧握着索拉图娜的手说："谢谢你，我不会再放弃了。"

　　这时，索拉图娜从身后拿出了一张《伊热夫斯克信报》说："你看看这上面吧！"打开报纸，西多尔金在报纸的第二版看到了一则寻人启事，而主角便是他自己。妻子潘克拉托娃写道："亲爱的，我和孩子们等着你归来，让我们一起去抗争病魔，创造奇迹！"在西多尔金突然离家后，想起他一段时间来的反常行为，深知他性格的妻子潘克拉托娃知道在他身上一定发生了什么事，在整理西多尔金的房间时，她发现了那张医院的诊疗通知单。

　　想到妻儿在家焦急地等候他，西多尔金归心似箭："我要回家，和他们一起抗争癌魔，和不可一世的癌魔打场攻坚战。"

　　西多尔金离开疗养院时，索拉图娜也正准备离开回家待产。两人约定，如果他们都顺利地渡过了难关，便带着家人到图阿伯谢市疗养院来，共同庆祝他们取得的成功。

峰回路转战胜绝症

　　西多尔金回到家，看着儿女那稚嫩的脸蛋以及蹒跚着跑过来的身影，忍不住泪流满面。妻子潘克拉托娃哽咽着说："亲爱的，回来了就好。无论面临什么困难，我都会坚定地站在你的身边。"

听过妻子的话，西多尔金为当初的那个轻率决定后悔不已。"有这样好的妻儿在身边，我怎能轻易选择放弃呢？"他坚定了信念：一定要在亲人的支持下，积极配合医生治疗，战胜癌魔。

消沉了好几个月的西多尔金，在妻子潘克拉托娃的陪同下，再度来到了伊热夫斯克医院。卡马谢维医生给他进行了 CT、纤维支气管镜、经皮肺穿刺活检等检查。望着亲密相依的西多尔金夫妇，卡马谢维医生说："西多尔金先生，我不得不遗憾地告诉你，你肺部的肿瘤又长大了一些。"

卡马谢维医生的话并未让西多尔金吃惊，对此他早有心理准备，但无论是哪一种结果，他都不会选择逃避，而是勇敢地面对，和癌魔做积极的抗争。妻子潘克拉托娃在丈夫脸颊上轻轻一吻道："亲爱的，我永远和你在一起。"

西多尔金夫妇的坦然表情，深深地感染了卡马谢维医生。沉思片刻后，他宽慰道："类似的情况我已经见过几百例了。我考虑给你施行肺部肿瘤切除手术。"听过卡马谢维医生的话，西多尔金提出了自己的疑问："听说肺癌晚期不适合手术治疗，只适合保守的化疗？"

卡马谢维医生笑着告诉他们，在过去，对于肺癌晚期病人，大多数医生会主张放弃手术治疗，但近来一些新的心血管外科技术，如微创技术、介入技术等被广泛用于肺癌外科，使一些过去被认为不能施行手术治疗的肺癌晚期病人，通过手术治疗或者经过减瘤切除术，也可以得到长期生存。卡马谢维医生还告诉西多尔金夫妇，切除肺部肿瘤只是治疗肺癌的第一步，为了避免癌细胞的进一步扩散，手术之后还需要进行漫长的化疗。卡马谢维医生的讲解，让西多尔金看到了战胜癌魔的希望。

西多尔金的肺部肿瘤切除手术进入了倒计时阶段。一天，西多尔金在潘克拉托娃的陪同散步时，他接到了来自索拉图娜的电话。在电话里，索拉图娜兴奋地告诉他，几天前，她在医院剖腹产下了一个女婴，而且母女平安。索拉图娜的来电，让深知她个人情况的西多尔金兴奋不已。他相信，已经无所畏惧的他，一定会和心脏病患者索拉图娜一样，跨过生命最艰难的这段路程。

几天后，卡马谢维医生决定对西多尔施行施肺部肿瘤切除手术。在被推进手术室前，潘克拉托娃紧紧地握着手术床上的他的手说："亲爱的，我们一定能够战胜癌魔。我和两个孩子在手术室外等着你凯旋。"看着一脸热切希望的妻子，西多尔金目光坚定地说："亲爱的，我不会轻易放弃的。相信我，我一定会成功的。"这时，双胞胎儿女亲吻着他瘦削的脸颊，用稚嫩的嗓音说："爸爸，你要带我们回家！"

看着天使一样的儿女，西多尔金在心里对自己说："为了你所爱的人，千万不能放弃。"

卡马谢维医生打开了西多尔金的胸腔，眼前的一幕让他惊呆了：西多尔金肺部原本被认定的那个"肿瘤组织"，竟然像是长着叶子的杉树。卡马谢维医生以为自己看错了，在深呼了一口气后，再次定睛细看：西多尔金肺部所谓的"肿瘤组织"的确像是一棵长着叶子的杉树。不敢相信自己的卡马谢维医生以为自己产生了幻觉，赶紧叫来助理一起检查："快过来看，我想我们在他肺里发现了一棵杉树！"助理和在场的其他医务人员看过后都大吃一惊。

　　眼前这棵类似杉树的"肿瘤组织"，让卡马谢维医生判定，西多尔金的肺癌很可能就是这棵类似杉树的东西引起的。随后，他小心翼翼地将扎根在西多尔金肺部的类似杉树的东西取了出来。卡马谢维医生找来相关专家，对从西多尔金肺部取出的类似杉树的东西进行判定，大家一致认为：这是一棵长达 5 厘米的冷杉树，患者咯血是因为小树针叶刺破了毛细血管引起的。这说明西多尔金根本没有患肺癌，一切病理特征都是这棵小冷杉树引起的。

　　得知手术结果后，西多尔金夫妇兴奋不已，没有患肺癌便不用担心癌细胞的扩散。在夫妇俩为病情的峰回路转兴奋时，关于这棵冷杉树如何进入西多尔金肺部，却在俄罗斯医学界引起了激烈争论。大家都认为，5 厘米的冷杉树太大了，西多尔金无法将其吞咽下去，那么只有一种可能：西多尔金可能不知在什么时候吸进了一粒冷杉树的种子，这粒种子随后在他的肺脏里生根发芽，并长成一棵小冷杉树。令科学家们感到不可思议的是，从西多尔金肺部取出的冷杉树竟然是活着的。

　　在潘克拉托娃的建议下，西多尔金从院方取回了那棵出自自己肺部的冷杉树。为了纪念这段奇特的生命经历，他将这棵小冷杉树移植到了家中的后花园里。春暖花开，西多尔金和那棵正茁壮成长的冷杉树都感受到了融融春意。看着摇曳在风中的冷杉树，西多尔金感慨万千："如果当初选择了放弃，我和这棵冷杉树都将消于无形！"

失败时不要轻言放弃

少年时代，我和一个非常要好的朋友都喜欢写作。我们击掌为誓——一直坚持下去，将来成为叱咤风云的文坛大人物。刚开始，我和朋友都勤奋练笔，没想过投稿发表。朋友文笔不错，比我出色许多。后来，我和朋友都产生了投稿冲动，想让自己的文字变成铅字。文笔一向逊色于朋友的我，并没有作品能够迅速得到发表的奢望。朋友和我心思完全不同，他看着报刊上那些文章豪气冲天地说："这些真差劲，咱的作品投出去保管让编辑大吃一惊，乖乖给我发表出来。"

我和朋友开始了投稿行动。对于投稿不能发表，我早有心理准备，心想权当试一试吧。而豪气冲天的朋友却不这样想，投第一篇稿件时，他便深信不疑，认为自己的作品一定能够发表。天有不测风云，朋友的如意算盘最终落空了，他的作品没有发表出来。朋友对我说："那些报刊编辑真不识货，居然连我这样的好文章也辨别不出来。"接下来，朋友又投了几篇稿子，结果仍然和第一篇投稿没有区别。在朋友抱怨编辑不识货时，对失败看得很淡的我以风轻云淡的心态，坚持着投稿之举。

随着一次次投稿，我和报刊编辑有了交往，听着他们的指正，我的写作水平有了进步提高。而此时，心比天高的朋友在数投不中后，心态越发地毛躁起来。在又一次投稿杳无音信后，朋友终于忍不住大发雷霆，将所写那些文章全部扔掉，心灰意冷地说："从今以后，我再也不写这些令人生厌文字了。"我劝朋友，让他不要放弃，告诉他心急吃不了热豆腐，坚持下去就一定会有收获。但朋友并没有听我的劝告。

我为朋友放弃那么好的文笔感到惋惜，而我依旧坚持写稿、投稿。朋友搁笔大半年后，我的一首小诗在一家杂志上登了出来。这只有十多行的小诗给了我强大的信心。在接下来将近一年时间里，我再也没发表只言片语。尽管如此，我依旧没有打算放弃。几年之后，我因为写作上的成绩免试进入了一所重点大学，又因为写作，在大学毕业的时候进入了一家省级报纸做编辑记者。如今，我依旧笔耕不辍，虽没有成为中国文坛叱咤风云的人物，但是每个月还是有大量文章见诸报刊。

不久前，我又见到了那位朋友。朋友在感叹我取得的写作成绩的同时，后悔不迭地说，当初真不该放弃手中的那支笔，仅仅因为几次投稿不中便做出了轻率的决定。

听过朋友的话，我不禁想到了这样一个年轻人。冬天到了，年轻人冷得直打哆嗦，受不住寒冷的他，躲进树林砍一些枯树枝取暖。树林里的枯树枝太多了，年轻人很高兴，砍到了足够他一冬取暖的木柴。春天到了，年轻人又走进了他砍了许多枯树枝的树林，却意外地发现那些被他砍了的枯树枝从断裂处长出了嫩绿的新芽。看着这些新芽，年轻人感到很纳闷。这时，一位老人走过来对年轻人说："请记住，不要在冬天砍树，那时树木落尽了叶子，让你看不到生机存在。"

其实，老人的话又有另一重意思，那就是当你处在灰心失意的时候，不要轻易做出什么决定，因为这个时候的你看不到光亮。而我的那位喜欢写作的朋友，仅仅因为几次投稿的失败，便轻率做决定，结果犯下了和那位冬天里砍树的年轻人一样的错误。

提前了一站下车

　　妻子喜欢陶瓷制品，一直很想要个土陶花瓶，好放在她画室的展示台上，并为其预留了位置。游历了很多装饰品商店以及专门的陶瓷品市场，她的梦想总是落空。为此，每看到画室展示台上那个空位，妻子便忍不住郁郁寡欢。

　　一个周六晚，应朋友之邀，我和妻子一同前往其新家做客。公交车上人声鼎沸，售票员的报站声很难听清。我与妻子聊得正欢，漏了售票员从人缝里挤过来的"下一站"，钻进耳朵的只有朋友居住地的站名。拉着妻子的手，我们急匆匆挤下了车。下车后，才发觉提前了一站下车。

　　我和妻子没再坐公交车，决定步行完成余下几百米。这个决定，让我们走进了一个繁华的夜市。在朋友居住地公交车站和我们提前下车的公交站间的人行道边，摆放着各种各样的商品，旧书报、光碟、家用小器具等，琳琅满目。逛夜市的人比较多，穿行在喧嚣的人群中，对"淘宝"很感兴趣的妻子满脸兴奋。家里阁楼上摆放着妻子淘来的很多东西，她将这些东西分门别类，骄傲地说这全是她的宝贝。起初，我很烦恼妻子这个嗜好。但后来，家里偶尔急需的器具，妻子竟然能从淘来的宝贝里找到，我便释然了，甚至感谢上天让我拥有一个会"淘宝"的妻子。

　　穿行在夜市里，不时有兴奋的叫声传入我的耳朵。我明白这叫声的含义，又有人淘到需要的东西了。突然，妻子在一堆陶瓷制品前停了下来，目露喜色。顺着妻子的目光，我看见昏黄的灯光下，一个瓶状的土陶制品泛着幽暗的光泽，摆放在一堆土陶制品中间。妻子眼睛里的喜悦让我知道，这个瓶状的土陶制品正是她梦想已久的东西。妻子蹲下身，小心翼翼拿起那个瓶状的土陶制品，像捧着宝贝一样，生怕掉到地上。

　　经过讨价还价，妻子最终以 10 元钱的价格将这个瓶状的土陶制品买下了。在接下来前往朋友家的路上，妻子兴致盎然地说："这个土陶花瓶，插上一些花瓣较大的花，肯定很漂亮！"

妻子的话勾起我对她一直梦想要个土陶花瓶的思绪。10元钱便圆了梦，这真是一笔划算的买卖，是个意外的惊喜。看着我，妻子乐滋滋地说："老公，今天真得感谢提前了一站下车，要不我的土陶花瓶不知在什么地方才能找到。"

　　妻子话中的"提前了一站下车"，激发了我的万千思绪：真是因为提前了一站下车，她才圆了要一个土陶花瓶的梦想。如果今天没有提前一站下车，我们就不可能邂逅这个夜市，不可能邂逅这个土陶花瓶。

　　从"提前一站下车"，到邂逅妻子梦想已久的土陶花瓶这件事，我突然想到了人生。人生就像坐公交车，沿途总有很多站台，在哪一站下车，我们总是事先给自己定好，而对于下错车则耿耿于怀。其实，偶尔下错车并非坏事，它可能让我们在惯常的向往中于短暂的小憩里拥有意外的惊喜。

别总盯着自己的缺憾

最开始写作文那会儿，我能够灵活运用的字词比较少。这样一来，我的作文总是被连篇的错别字包围。每每拿着发下来的作文本，看着里面被老师特别批注的大量错别字，我的心里都非常难受。于是，接下来再写作文的时候，我总是提心吊胆地害怕又写了错别字，又让老师用红笔进行批注。因为有了这样的担心，再次写作文的时候，我的思路便无法顺利展开，总不知道该写什么才好。往往是老师布置要求写 800 字的作文，我短短 300 字就写完了。当然这样一来的结果是，我作文里的错别字大大减少了，但文字表达显得十分拘谨。

一天，语文老师把我叫到了办公室。在办公室里，老师笑眯眯地问我：“你的作文怎么总是无法写满规定的字数啊？”

我红着脸告诉老师：“我觉得没有什么可写的。”

　　随后，老师又问我为什么没有可写的。想想自己写作文时，老担心写错别字的情况，我就直接说出了这个原因。听过我的话后，老师一双眼睛意味深长地看着我说："你肯定能够写满规定的字数，但是你必须忘记错别字。写作文的时候，因为你老是心里想怎么避免少写错别字，结果就限制了你的思维。"我听信了老师的话，在之后写作文的时候，不再想什么错别字的事情，我的思路竟然扩展到了我自己都感到惊讶的地步。渐渐地，我竟然陶醉在了作文世界之中。后来，我成了班上第一个作文变成铅字的人。再后来，我的作品大量地出现在全国各地的报刊上，我被人称为了作家。

　　而今，我再也没有被错别字局限过思维了。在写作的时候，虽然依旧难免有写不出来的字，但我并不因此停留太久，而是在写不上出来字的地方画一个圈。后来，我看了美国著名歌唱家卡丝·黛利的故事。

　　卡丝·黛利有一副天生的好歌喉，然而却长着一口龅牙。这让她感到很苦恼，总担心把嘴张得太大，让人看到了她的龅牙。在成名前，卡丝·黛利参加过好几次演唱大赛，其结果都因为她在唱歌的时候老想着牙齿的事情，而发挥欠佳，表现平平。在又一次大赛前夕，一个一直很欣赏卡丝·黛利甜美嗓音的评委找到了她，对她说："你肯定能够成功，前提是你必须忘记你的牙齿！"卡丝·黛利听信了那位评委的话，结果在这次大赛中一唱成名。

　　我没有卡丝·黛利出名，但是我在写作上小小的成就和她获得的巨大成功相比，都有一个共同点——忘记缺憾。我忘记自己老爱写错别字的缺憾，而卡丝·黛利忘记的是牙齿是龅牙的缺憾。生活中，一个人不可能是完美的，总是难免会有这样那样的缺憾。在这种情况下，我们应该怎么办呢？答案其实很简单，那就是忘记缺憾，专心做自己要做的事情。想想吧，道理其实很明显，如果我们老让思想停留在缺憾里，难免会羁绊了思维，从而影响个人的发挥。

　　成功其实很简单，有些时候就只是要你忘记自身的缺憾，就像我写作时候忘记自己的错别字一样。

有些放弃是为了更好地获得

　　时间很快便进入到了高三下学期，但是我的学习成绩依然没有任何起色。我知道，凭借自己目前的成绩，要想考上大学，除非奇迹降临，否则根本不可能实现。基于这种情况，我不得不为自己的将来打算。

　　我的学习成绩之所以很差劲，主要原因在于我几乎把全部心思投入到了自己热爱的写作中。我发自内心地喜欢文学，希望能在上面有所发展。对于我的勤于写作，上天给予了我丰厚的回报。那时，我已经在全国各地几十家报刊发表了上百篇文章，多家报刊介绍过我的个人写作事迹。写作上，我在全国校园文坛小有名气，但学习成绩却一塌糊涂，每次考试都掉在班级尾巴上。正所谓一心不可二用，有所得便会有所失。直到进入高三，我才感觉到学习的迫在眉睫。然而高三的几次摸底考试，我的成绩都羞于见人。有什么办法呢，以前拖欠得太多了。

就在我为自己的将来发愁时，在从湖南给我寄来的一张青少年报纸上，我发现它们正在招聘编辑。招聘启事没有文凭限制，只说热衷于编辑事业，有比较扎实的写作功底。这不正符合我的要求吗！我很快寄去了自己的应聘信。高中三年，我在这家报纸上发表过十多篇文章，我的应聘信很快有了回音，说我可以到该报工作，但是因为现在的编辑业务繁忙，我必须马上前往。对自认为升学无望的我来说，对这家青少年报纸的知遇，当然是喜不自禁，况且它们开出的工资待遇在当时来说相当优厚。看着回信，我在心里想，反正自己都考不上大学，剩下的几个月待在教室里也没有什么用处。于是，我向学校教务处递交了退学申请。我可不想大学读不了，那份工作也丢了。

向学校教务处递交退学申请后，我便开始整理行装，准备出发到湖南的那家青少年报纸。我想自己热爱写作，报纸工作刚好适合。就在心情激越时，一向对我的写作颇为赞赏的教务主任找到了我。问过我的情况后，教务主任看着我说："我给你讲个故事吧。如果在听过这个故事后，你还是坚持要退学，我不会阻拦你。"

　　教务主任给我讲的是亚历山大的故事。古希腊佛里几亚国王葛第士以非常奇妙的方法，在战车上打了一个结。葛第士预言：谁能打开这个结，谁就可以征服亚洲。一直到公元前334年，还没有一个人能成功地将绳结打开。这时，亚历山大率军侵入小亚细亚，他来到葛第士结前，不加考虑，便拔剑砍断了绳结。后来，他果然一举占领了比希腊大50倍的波斯帝国。

　　讲完这个故事后，教务主任问我："你知道亚历山大为什么能够获得成功吗？"

　　我摇了摇头。

　　"因为他舍弃了传统的思考方法。其实，葛第士绳结是一个死结，除了用刀，没有其他办法可以打开。"教务主任看着我，语重心长地说，"现在你还想退学吗？"

　　"让我想想吧！"我心里像打翻了五味瓶一样。

　　"好好想吧，小伙子。"教务主任拍拍我的肩膀说。

　　接下来，我认真地想了自己退学任职编辑的事情。在思考的过程中，我突然发现，自己前些日子所谓的努力，其实不是真正的努力。因为当时我想，即便考不上大学，凭借自己的写作功底，要找碗饭吃还不容易，因此我的努力里便掺杂了很多水分，没有华山绝路、背水一战的决心。我明白，教务主任是要我学会放弃，不要被眼前那个编辑的职位所诱惑。我在心里做出了决定，即便这样会遭遇失败，也要选择最佳的失败方式——那就是我拼搏过。之后，我丢开一切杂念，一心投入到了学习中。再之后，也许是上天感动了我的放弃，馈赠了我一份免试进入某大学深造的机会。当然，免试是因为我的写作成绩。

在大学里，我学到了很多东西，写作上也有了长足的进步。大学毕业后，我找到了一份比原来的编辑工作好出许多的工作，而那家青少年报纸却因为经营不善停刊了。

高三那年的放弃，给了我的生命一个更美丽的世界。从这件事上，我也明白到了，在人生某些特定的时刻里，只有敢于放弃，才有机会获得更多。

你会让上帝害怕吗

一天，闲来无事的上帝来到了人间。

看着人世间处处高楼林立、车来车往，一派喧嚣繁华、欣欣向荣的景象，上帝心里顿时涌起了一股自豪的感觉。上帝美滋滋地想，大地上曾经了无人烟、一片萧瑟，现在因为有了人类，才变成这样繁华这样缤纷，人类的力量看来真是无穷无尽，而这力量无穷无尽的人类是经由我创造出来的。想到这里，上帝心里越发骄傲越发自豪起来，觉得自己作为人类的创造者，似乎应该再奖励一下人类，以激发他们更加强大的改变世界的力量。在上帝心中有了这种打算的时候，一个人出现在了他的视野里。

没有任何犹豫，上帝兴致勃勃地走到了那个正在匆匆忙忙赶路的人面前。看着那个人，上帝说："你好！我是上帝，今天你很幸运遇见了我。从现在起，我可以满足你的一个愿望，任何愿望都行。但是我有一个条件，那就是我在满足你愿望的时候，必须得把我满足给你的愿望，以双份的方式同时给予你的邻居。"

听到上帝可以满足自己一个愿望，那个人顿时满心欢喜："我一定要好好提出愿望，让上帝帮助我实现。"

沉思良久，那个人心想，我一定要拥有一家属于自己的资产上亿元的大公司，这样我就可以不必每天在上班时看着老板的脸色行事了。这个愿望刚一冒出来，那个人欢喜的神情就立即僵硬起来。他突然想到了上帝所说的那个满足他愿望的条件，如果我拥有一家资产上亿元的公司，那么我现在的比我贫穷许多的邻居不是就拥有了两家资产上亿元的公司了？如果我拥有一辆豪华的小轿车，我的邻居不是就拥有了两辆豪华的小轿车……这怎么行呢？我怎么能够轻易地让邻居超过我呢！这是我绝对无法忍受的。

看着比我富有的邻居，我怎么能够快乐起来呢？况且他的富有还是我带给他的。思来想去，那个人也没有想出一个可行的办法来。最后，那个人咬了咬牙，看着上帝说："尊敬的上帝，请你将我的一只手锯掉吧！"

　　看着眼前那个人，上帝心里原有的自豪顿时不见了踪影，忍不住害怕地惊呼："天啊，这就是我创造出来的人类，幸亏我不是他的邻居，要不然我的双手就这样莫名其妙地被锯掉了。"上帝越想越害怕，赶紧逃离了那个人。

　　在我们的现实生活中，像那个要锯掉自己一只手一样的人无处不在，他们的心里被嫉妒被私欲所填充，容不下任何人超过自己，如果有谁超过了他，他不是想办法寻找自己的不足，进行力所能及的弥补，而是千方百计地想办法让超过他的人摔倒趴下。

　　你会是那个让上帝都感到害怕的人吗？千万别做那样的人，别被嫉妒、私欲蒙蔽了双眼。

第三辑

梦想也要温暖，
那些目光一路相伴

面对黑夜，你会茫然无助吗？在偏僻之地，你会孤独无依吗？

这些情绪如果总是在不经意间缠绕你，梦想就会不知所措。

那么请用心去感受吧，梦想也需要温暖相拥。

在这个世界的某个角落里，总有些爱意切切的目光，

在凝望着你，温暖你的梦想。你感受到了那温暖的目光吗？

你喜欢这温暖的目光吗？你的梦想还会不知所措吗？

金属支架上的舞者

上天很不公平，在她出生后不久，父亲便撒手人寰。母亲没有被丈夫的骤然离去击倒，依旧无微不至地关爱着她。

7岁那年夏天，读小学的她在剧场看到了弗拉明戈舞表演，幼小的心灵被弗拉明戈舞欢快的步点，以及光彩四溢的布景深深迷住了。不久后，身材修长的她吸引了一位弗拉明戈舞教练的目光。弗拉明戈舞训练需要大笔费用，为了满足她的心愿，在罐头厂做装储工人的母亲下班后，又到餐厅帮厨师做一道特色食品"填馅红椒"。在母亲的支持下，她成了一名弗拉明戈舞学员。很快，她便从一帮弗拉明戈舞训练者中脱颖而出。

9岁时，她正式上台参加了弗拉明戈舞演出，并一演成名，成了倍受观众喜爱的小舞蹈演员。舞台上，年幼的她用肢体语言把弗拉明戈舞的轻灵流畅展现得淋漓尽致。她就此被舞蹈界誉为"弗拉明戈舞天才少女"。所有人都认为，数年后，这位天才少女肯定能成为弗拉明戈舞的领军人物。面对赞誉，她也冷静地相信自己一定会获得成功。

在她踌躇满志时，上天再次在她面前把不公的那一面凸显了。10岁那年，她突然觉得背部疼痛难忍。医生在仔细检查后得出结论：她患有脊柱侧弯症。脊柱侧弯乃一种罕见疾病，是脊柱的一个或数个节段向侧方弯曲，伴有椎体旋转的三维脊柱畸形，会影响生长发育，使身体变形致残。医生面色凝重地告诉她，她的脊柱已变成了"S"形，必须告别舞台，进行彻底治疗。医生的话，在她美梦无限的世界里扔下了一枚炸弹。

不知所措时，知道她深爱着弗拉明戈舞的母亲说："孩子，疾病并不可怕，可怕的是你在疾病面前逃跑！"母亲的话，在她心里产生了强烈震撼："不能趴下，我那么喜欢弗拉明戈舞。只要认真接受治疗，我定会重返舞台。"

为了防止脊柱侧弯症继续恶化，医生将10多公斤重的金属支架固定到了她身上。无论何时何地，金属支架都不能卸下来。她每天必须背负沉重的金属支架生活。生活中，她甚至可以感觉到身体里的关节在金属支架的作用下发出咔咔的摩擦声。金属支架下的生活，是那么不便。而金属支架强行对脊柱的扭正过程，产生的疼痛是钻心的。面对这些，她坚持着。她知道，自己不能轻易向脊柱侧弯症和金属支架服输，一旦认输，她的生命将一片灰暗。

在她和疾病抗争之时，那些观看过她演出的观众，也不断写信给她鼓励她，告诉她，他们还在舞台下等着她。观众的来信，让她对自己战胜疾病更加充满了信心。

除了背负沉重的金属支架矫正呈"S"形的脊柱，她还积极地参与其他锻炼，以期脊柱侧弯症能早日远离自己。除了例行的身体锻炼外，她依然坚持舞蹈训练。不间断的舞蹈训练使她即使在患病期间，也没有距离舞台太远。背负金属支架进行舞蹈训练，她的身体要忍受金属支架和身体摩擦的巨大痛苦。但她强忍着疼痛，不喊一声，她知道如果她选择了喊叫，可能就会选择放弃。

背着金属支架生活了 5 年的她，不知不觉到了 15 岁，再到医院复查。医生惊讶地发现，X 光片中的脊柱不再是扭曲的"S"

形，而是正常向上的姿势。也就在这一年，她以第一名的成绩从所在国的国家舞蹈艺术学院毕业，并以精湛的技艺进入了国家舞蹈团。随后的日子里，想及背负金属支架生活的艰难历程，她抓住每个机会展示自己的舞蹈天赋，最终成了国家舞蹈团的顶梁柱。21岁时，她被"纽约大都会评论"评选为最佳外国舞蹈家；27岁时，又被墨西哥国家艺术剧院授予最佳年度演出奖；31岁时，她被任命为所在国的国家舞蹈团团长。

　　她是谁？她就是坦然面对艰难，绝不放弃梦想追求的被誉为"弗拉明戈舞后"的西班牙著名舞蹈艺术家阿伊达·戈麦斯。面对艰难困苦，我们必须保持坦然的心态，勇敢战之，而不是选择退让。这便是戈麦斯传递给我们的制胜法宝。

辛迪的吊坠

　　小辛迪出生在美国西部克劳福德镇。生活中太多的不幸使他总是郁郁寡欢。镇上的其他孩子不喜欢和小辛迪玩，尽管他想尽办法靠近他们。

　　在克劳福德镇狭长的街道上，看到其他孩子开开心心的场景，小辛迪忍不住暗自垂泪，不禁自问："难道我做错什么了吗？上天要把不幸降临我身上。"可是一个不到8岁的孩子又能做错什么呢？小辛迪非常不幸，不到一岁，父亲恩特尔便离开小镇，远去东部。一去数年，父亲音信杳无。从此，多病的母亲独自带着小辛迪艰难生活，痴痴地等待丈夫归来。在辛迪5岁时，母亲在对丈夫恩特尔的无妄等待中离开了人世。离开人世前，母亲紧握着小辛迪的手说："孩子，妈妈不能和你一起等到和爸爸相聚了。相信妈妈，爸爸一定会来找你！"母亲取下胸前那块她一直非常珍视的吊坠，颤抖着放到小辛迪稚嫩的小手里说："好好戴着它，爸爸可以从吊坠认出你。它很珍贵，千万不能弄丢！"

此后在小镇上，小辛迪便和年迈的外婆生活在一起。外婆只有很少的救济金，要养活两张嘴，生活捉襟见肘。尽管如此，想到父亲会凭借吊坠认出他，小辛迪心里还是充满了希望。他耐心等待着和父亲相见那一天，将吊坠视为至宝。由于生活艰难，衣着简朴，其他小朋友不愿和他玩乐，小辛迪非常落寞、孤单。

尽管孤独，小辛迪依旧欢笑。每每遇到熟人，小辛迪都会恭恭敬敬地问候他人快乐。小镇古玩店老板卡波特60多岁了，十分喜欢年幼知礼的小辛迪，总微笑着说："我可爱的孩子，你要快乐！"卡波特的话，让小辛迪被冷落的心有了丝丝暖意。

时间在小辛迪对父亲的期待中流逝，可晶莹的吊坠没能为他带来父亲。小辛迪有些伤心："爸爸究竟什么时候回来见我呢？"他忍不住问外婆为什么。想到女儿在对小辛迪父亲的等待中去世，外婆很生气："别想见到你那不负责任的父亲了，他早已死在外面了。"外婆的话让小辛迪痛苦不堪，他飞奔出家，漫步在狭长的街道上，用小手抚摩着吊坠。

伤心难过时，几个坏小孩子挡住了他的去路："穷小子，干什么哭丧着脸啊？"小辛迪不想理会他们，没好气地说："关你们什么事？"坏孩子见一向低眉顺气的小辛迪竟然顶撞他们，把他围在中间说："小子，瞧你这穷样，和你说话，那是瞧得起你！"想起过往种种，伤心的小辛迪决定不再示弱，微昂着头说："我才不穷呢？"说这话时，他想到母亲临死前留给他的吊坠，母亲一再叮嘱他小心爱护，它一定非常珍贵。想到这，小辛迪指着吊坠骄傲地说："这是妈妈留给我的，你们有吗？妈妈说它很珍贵。"

听了小辛迪的话，几个坏孩子相互看了几眼，上前将他按在地上，不待反抗，便将他一向视为珍宝的吊坠抢走了。而后，转身向卡波特的古玩店跑去，想把小辛迪示为至宝的东西卖出去，从中赚一笔钱。想到父亲再也认不出他了，小辛迪痛哭流涕。

几个坏孩子把吊坠拿到卡波特的古玩店，卡波特一眼便认出了这个吊坠。当几个坏孩子把吊坠递到他面前问"这个吊坠值多少钱"时，他不动神色地回答："这是假的，最多值几美分。"几个坏孩子本希望用吊坠大赚一笔，没想到它只值区区几美分，十分生气，本想顺手扔到地上，一想到被小辛迪欺骗的屈辱，决定回去再羞辱小辛迪一番。

　　几个坏孩子再次出现在小辛迪面前，看到他还在哭泣，觉得十分好笑："穷小子，你可真好笑，只值几美分的东西竟然当成稀世珍宝。"说着便把吊坠扔到小辛迪面前，"还哭什么？还给你。告诉你，古玩店老板说这只值几美分，谁稀罕啊！"

　　捧着吊坠的小辛迪更加伤心："这是真的吗？难道妈妈也骗我，这东西根本不珍贵……"遐想无限时，突然有声音在小辛迪耳边响起来："我可爱的孩子，你哭什么啊？"小辛迪抬起头，看见古玩店老板卡波特正慈眉善目地望着他。想到他对吊坠的否定，小辛迪眼泪泛滥，举着吊坠说："它只值几美分吗？"

　　看着吊坠，卡波特沉思片刻说："我可爱的孩子，这是妈妈留给你的，它非常珍贵。刚才，我对那几个坏孩子说的全是假话，这么珍贵的吊坠怎么只值几美分呢？它一定可以帮你等到爸爸。"听过卡波特的话，小辛迪顿时破涕为笑，没什么比得上有人称赞吊坠更让他开心了。

　　卡波特接着说："孩子，你把这样珍贵的吊坠带在身上，非常危险，万一像今天这样再被抢走怎么办？"小辛迪一脸焦虑不知所措。卡波特说："如果你信得过，就让我来替你保管。为让你放心，我可以付你一笔钱，等到你有钱时再来赎回它。"小辛迪犹豫着，卡波特笑了："小辛迪，爸爸一时半会儿不会回来，你把这样珍贵的吊坠带在身上没有用处。不如用我给你的这笔钱好好学习。爸爸可不想看到一事无成的辛迪。"

　　想想卡波特说的话，小辛迪想："怎么能让爸爸看到一事无成的我呢？但外婆没有钱，根本无法供我读书，我为何不用吊坠换的钱让自己好好学习呢？等到有钱时再来赎回它。"想到这里，卡波特和小辛迪签了一个协议，大意是卡波特暂时为小辛迪保管吊坠，并为此支付一笔保证金，小辛迪有钱时，可随时取回吊坠。

　　而后，小辛迪利用古玩店老板卡波特给的钱进入学校，并且认真学习，最后成了美国知名的经济人士。想到母亲留下的吊坠，辛迪去找卡波特赎回。不幸的是，古玩店老板卡波特多年前在一场疾病中失去了生命，家人不想留在小镇上睹物思人，便迁往一个辛迪不知道的地方了。辛迪在为卡波特去世难过时，也为母亲留给他的遗物丢失惋惜不已。辛迪以为自己再也没有机会见到那个晶莹的吊坠了。

在辛迪惋惜遗憾，一次他到纽约演讲，这里的主要报纸都刊登了消息。晚上，在酒店里的辛迪突然接到了一个电话："辛迪先生，有位卡波特的后人找您。"辛迪忍不住心理一颤。

中年人见到辛迪后，将一个很好看的锦盒递到他手中说："辛迪先生，这是我父亲临死前千叮万嘱要给你的，他说这是属于你的，他只是暂时保管而已。"中年人离开酒店时，辛迪颤抖着手打开了盒子，吊坠和协议书安详地躺在里面。

几天后，辛迪把吊坠拿到又一古玩店鉴定。老板说："辛迪先生，这只是一个很普通的吊坠，如今市值也就几美元。"想到多年前，卡波特给自己比几美元多很多倍的钱，辛迪心里浪潮翻滚："正如卡波特先生所说，它非常珍贵，承载了一个母亲对孩子的希望和一个孩子对未来的希望，更承载了一位老人对一个孩子的善意帮助。"

暖心的谎言

在海德镇，几乎所有人都知道帕特是个不学无术、有小偷小摸习惯的坏孩子。人们看见他都退避三舍，生怕沾染不良习气。大人们把帕特当成反面教材教育自家孩子："千万别向帕特学习，那是没出息的。"

帕特其实很不幸，在他出生时，母亲因难产而死。从此，他便和父亲生活在一起。帕特的父亲在他母亲去世后，伤心过度而患有间歇性精神病。即便不发病时，他父亲也难得清醒，总用酒精麻醉自己，是个地地道道的酒徒。父亲酗酒，让帕特很难体验亲情，因此，他嫉妒那些和睦温馨的家庭。帕特对这些家庭有一股强烈报复心理："我不能拥有幸福，你们也别想。"这些人家的窗户玻璃要么被不知从哪里来的一块石头砸碎，要么园子里的花草和其他用具被破坏。

　　时间在帕特的惹是生非中流逝，在帕特对生活无望的心理中流逝。海德镇几乎没有未被帕特"报复"过的家庭，帕特渐渐觉得有些无聊，希望找点新鲜事情来做。在帕特的渴盼心理中，海德镇新搬来一家人。

　　一天，帕特走到那家人屋子外面，紧锁的房门宣告主人不在家。帕特很兴奋，机会来了。他在院子里转了一圈，发现有扇窗没关好，便毫不犹豫地从那扇窗子钻了进去，准备"拿点东西作纪念"。进入屋子的帕特睁大了眼睛，屋子里整齐地放着一排排书架，书架上码满了书。帕特进入的刚好是主人的书房。

　　徘徊在一排排书架前，帕特目不暇接。尽管在海德镇里，几乎所有人都知道帕特惹是生非，但没有几个人知道，他其实很喜欢读书。因为没有朋友，没有信任自己的人，帕特只有在看书时，内心才是宁静的，才觉得自己真实存在。其实，帕特的内心还是个好孩子，他表面作恶，就是为了引起别人的注意。然而，由于父亲只知道酗酒，家里经济状况不好，帕特喜欢看书的愿望也很难满足，他没钱买书。而小镇图书馆管理员知道他是个坏孩子，也拒绝他进入图书馆。

　　在书架前徘徊的帕特摸摸这本书，又摸摸那本，哪一本都是他以前没见过的。帕特真想自己就是这屋子的主人，是这些书的主人，这样他就可以任意选择书看了。最后，帕特选了一本人物传记——《约翰·克里斯朵夫》。"克里斯朵夫"这个名字帕特早就知道，是位音乐家，而这本传记对这位音乐家艰苦卓绝的音乐生活和丰富多彩的感情生活进行了真实记录，极鼓舞人心。拿着《约翰·克里斯朵夫》，帕特情不自禁地坐在靠窗的书桌前看了起来。沉醉在克里斯朵夫的人生世界里，他完全忘记了自己到这幢房子来的目的是行窃。

　　突然，帕特的肩膀被拍了一下。他心里一紧，《约翰·克里斯朵夫》从手上滑落到了地上。他回头看见一位慈眉善目的老人正看着他。帕特心想："难道他是房子的主人？我该怎么办？"他不想就这样被抓获，可是要关到小镇警察局好长一段时间的。然而，书房因码放太多的书，行走线路十分狭窄，老人身材魁梧，刚好挡住了他唯一的出行路线。正想着如何冲出去的帕特，听到老人说："孩子，你是阿尔特法博士的亲戚吗？"看着微笑的老人，帕特机械地点了点头。点头时，帕特对自己说："但愿他不要发现我不是房子主人的亲戚，否则……"

随后，老人向帕特做了自我介绍："我叫莫里，是阿尔法特的好朋友，专程来拜访他。"帕特思绪万千地听着自称莫里的老人的介绍，暗自庆幸："幸好莫里不认识房子主人阿尔特法的亲戚。"想着快些出去的帕特说："我还有事，我先出去了。"帕特站起来，准备侧身从莫里老人身旁走过去。莫里老人突然拉住他，让帕特心里一紧："难道穿帮了？"

莫里老人说："小伙子，看得出你是个热爱学习的好孩子。你很喜欢《约翰·克里斯朵夫》，你到这里来是为了拿这本书看的吧！呵呵，你可忘记拿书了。"说着，莫里老人把《约翰·克里斯朵夫》递到了帕特面前。心里忐忑不安的帕特从莫里老人手里接过这本书飞也似地向大门外跑去。

出门时，帕特碰到了邮递员。邮递员看着他问道："这幢房子的主人莫里在家吗？"帕特心里一惊："房子的主人叫莫里，难道刚才那位老人……"想到这，帕特情不自禁地点了点头。帕特不敢再多停留，迅速冲出这幢像图书馆一样的房子，心跳久久难以平静。他知道，刚才那位自称莫里的老人，其实就是这幢房子的主人。帕特更知道，作为房子主人，莫里自然认识自家亲戚了。莫里老人是为了保护帕特那颗小小的自尊的心，才对他谎称他是房子主人的朋友。

帕特也许没有想到的是，在莫里老人刚回到家第一眼看到帕特时，他已经做好了报警准备。然而，对于他的回来，沉醉在《约翰·克里斯朵夫》世界里的帕特却全然不知。从这个情节里，莫里知道，眼前的这个小小的窃贼肯定只是一时心血来潮的叛逆行为，他放弃了报警的打算。如何才能保护这个少年小小的自尊呢？退休前，身为一所大学知名心理学教授的莫里脑子里灵机一动，想出了前面那些谎言。他相信，一个喜欢看《约翰·克里斯朵夫》的孩子再坏也坏不到哪里去，保护好他的自尊，可能就拯救了他的心。

莫里并不知道自己这挽救自尊的谎言，究竟能够起到多大效果。回到家后，帕特对莫里保留了自己的自尊充满了感激。在小镇里，过去还没有谁在意过帕特的自尊，大家总是对他不屑一顾，认为他是个坏孩子。莫里却认为他是一个好孩子。思绪纷飞的帕特在心里对自己说："帕特，无论如何，你也不能让莫里老人失望。"

帕特决定从此做个好孩子，做个积极面对生活的人。但上天再次把不幸降临到了他身上，一段时间后，他酗酒的父亲在醉酒归来的路上，被汽车撞伤了。躺在医院的病床上，父亲握着帕特的手说："孩子，爸爸对不住你，没有好好管教你。但爸爸一直都相信你是个好孩子，你会有所作为的。爸爸爱你！"帕特泪流满面，他知道爸爸其实一直都爱他。帕特父亲医治无效离开了人世，把孤零零的他留在了世界上。尽管没有了亲情护佑，一想到莫里老人，帕特心中就充满了力量。不久后，还未成年的帕特被送进了社会福利院接受系统的教育。

20 年后，已经 80 岁高龄的莫里老人在杂志上读到了一篇署名帕特的作家的专栏文章，文章名字叫《一本珍贵的书》。看着这篇文章，他微笑着想起了多年前那个谎言的故事，相信这个帕特就是"阿尔特法的亲戚"。

"爱心蜜罐"情满英伦

在英国苏丁顿市，20 多年时间里，一对年逾八旬的夫妇从不间断地进行着一项善举：为一家癌症慈善机构"科波特救助基金会"募集资金。他们创设的"爱心蜜罐"，感动了整个英伦，募集到的 32 万英镑、重达 120 吨的硬币，帮助了无数处于困境中的人。

癌魔困扰好友

初冬的一个周末，家住英国苏丁顿市时年 63 岁的皮克斯多克和 57 岁的妻子贝蒂突然接到好友伊亚特德的电话。电话里，伊亚特德声音消沉："你们有空吗？能到我家来一起度周末吗？

这或许是我在这个世界上最后的周末了！"

　　在皮克斯多克追问下，伊亚特德说他已是食道癌晚期，没几天活头了。眼前闪现出好友忍受疾病折磨的情景，皮克斯多克心里一酸："这可怜的老伙计啊！"随后，他和妻子贝蒂决定立即前往伊亚特德家。

　　走进伊亚特德家，皮克斯多克夫妇简直不敢相信自己的眼睛：伊亚特德骨瘦如柴，面目无光，似乎一阵风便可将其吹倒。皮克斯多紧紧抱住伊亚特德关切地问："老朋友，怎么不去医院治疗啊？"伊亚特德垂下了眼帘："都已是晚期了，再治疗也没什么用处，只是白花钱而已，况且我也没这么多钱。反正我孤身一人，离开人世也没多少人会伤心！"伊亚特德的话，让贝蒂忍不住泪流满面。

　　回家路上，皮克斯多克心事重重。看着心事重重的丈夫，贝蒂说："亲爱的，我们想个办法帮助伊亚特德吧！"妻子的话坚定了皮克斯多克帮助好友伊亚特德的决心。

　　时逢儿子奥伦多全家前来看望皮克斯多克夫妇。一家人围着桌子享受丰盛晚餐时，皮克斯多克毫无胃口。得知父亲郁闷的原因后，奥伦多说："你可以为他进行募捐啊！""募捐"让皮克斯多克豁然开朗："我怎么没想到为救助伊亚特德进行募捐呢？社会力量是无穷的啊！"

善良的夫妇俩相信，周围和他们一样愿意献出爱心的人很多，他们不会眼看着一个人被疾病夺去生命的。

为好友募集救助金

第二天，皮克斯多克夫妇捧着亲手做的募集箱开始募集救助金。募集箱上写着："亲爱的朋友，请伸出援手，用你的爱去救助一个患病的孤独老人吧！"他们募集的第一站是邻居家。在得知事情原委后，邻居毫不犹豫地在募集箱里放入了50英镑。

一天，在外募集救助金的皮克斯多克不小心踩到了一块石头上，身体一斜便摔倒在了地上。见丈夫沉沉地摔倒在地，贝蒂极为心痛："亲爱的，你没事吧？"皮克斯多克笑着说："亲爱的，我没事，我们继续募集吧！明天我们就把这些救助金送到伊亚特德那里，他肯定很高兴。"继续前行时，皮克斯多克才发现一只脚扭伤了，一走路便钻心地痛。

经过几天的忙碌，皮克斯多克夫妇共募集到了5千多英镑。用这笔募集来的救助金，伊亚特德住进了苏丁顿市医院。然而一周后，病入膏肓的伊亚特德最终还是离开了人世。伊亚特德在弥留之际用瘦弱的手紧紧地握住皮克斯多克的手说："老朋友，我生命最后的日子因你们而生辉。上帝会带给你们好运的。"

伊亚特德离开人世后，募集来的救助金还剩1千多英镑。这些剩余的钱怎么处理呢？皮克斯多克决定按照剩余金额的比例把钱送还原先的捐助者手里。当皮克斯多克将钱送往第一家捐助者那里时，捐助者说："我捐出这笔钱，便没有再想过收回来。你们将剩下的钱代我捐到慈善机构吧，这个世界上肯定还有人处在艰难中，急需帮助。"这位捐助者的话让皮克斯多克心里一动："是啊，我们何不把这笔钱捐到慈善机构呢？让它发挥余热。"

　　皮克斯多克夫妇想到当初募集这笔救助金时，目的是为了救助患癌症的伊亚特德，于是决定将剩余的钱捐到英国切尔滕纳姆市一家癌症慈善机构"科波特救助基金会"。夫妇二人将钱送到"科波特救助基金会"时，工作人员代表众多的癌症患者对他们表示了感谢，皮克斯多克夫妇心里油然升起一股庄严的力量："这个世界上，并不只有伊亚特德处境艰难，还有人也和他一样会陷入困境，我们何不为这些人做更多事情呢？"

　　走出"科波特救助基金会"时，一种神圣的使命感突然降临皮克斯多克夫妇身上，他们决定在余生继续为那些身陷癌症困境的病人募集救助金。

承载使命的"爱心蜜罐"

　　皮克斯多克夫妇成了"科波特救助基金会"的义务募集员。此前，他们两个总渴望儿子奥伦多一家多来陪他们。但自从热爱上为那些癌症患者募集救助金后，夫妇俩只要有空便出去进行募集，希望能为那些身陷癌症困境的患者献上一份爱心，让他们不再被疾病困扰，能够自由自在地呼吸新鲜的空气。

皮克斯多克最初采取的是挨家挨户的募集方式。这种"蜗牛式"的募集方式不仅费时费力，有时还会遭遇拒绝。一天，皮克斯多克夫妇敲开一家住户的门后，真诚地说："请你为那些身患癌症的患者献出一点爱心好吗？"开门的人看着皮克斯多克夫妇，半晌才不屑地说："我凭什么相信你们，那些人与我有什么关系！"说完，"哐"的一声将门关上了，将不知所措的皮克斯多克夫妇留在外面。

回到家，皮克斯多克看着贝蒂说："我们这种募集方法太落后了，应该换种办法。"这时，贝蒂正在从钱包里将当天买生活用品找零的几个一便士硬币往存钱罐里放。皮克斯多克脑子里突然灵光一闪，眉飞色舞地说："亲爱的，我们今后不用再每天出去募集了。"贝蒂说："难道你打退堂鼓了吗？"皮克斯多克摇摇头说："在买东西时，人们会不时被找回一些不便携带的小额硬币，如果我们在一些公众场合设置一些募集箱，让人们将这些硬币投放进去，岂不是会起到事半功倍的效果。"皮克斯多克的主意让贝蒂眼睛一亮。

　　皮克斯多克夫妇找来废弃的塑料罐，将其进行简单的外部处理后，试着放到了公共场合。他们将经过处理的塑料罐命名为"爱心蜜罐"，并在上面留言："朋友，用你不便携带的硬币去拯救一个生命吧！"

　　皮克斯多克夫妇的"爱心蜜罐"首先出现在了他们居住的社区。此后，他们不需要像过去那样端着募集箱去找人捐助，而是每周抽出固定时间去打开"爱心蜜罐"。开始时，由于皮克斯多克的"爱心蜜罐"放置地方不当，一周下来他们只募集到了5英镑的硬币。看着"爱心蜜罐"里少得可怜的硬币，皮克斯多克夫妇费解了："难道人们对慈善事业不热心？"沉思良久，皮克斯多克夫妇最后终于发现，他们的"爱心蜜罐"放置在了一个很不显眼的地方，能够发现它们的人很少。皮克斯多克心想："要想'爱心蜜罐'引起人们的关注，就必须让它们在更多的公众场合出现。"

　　这样想过后，皮克斯多克开始给很多的公司和组织写信，实施他们让"爱心蜜罐"出现在更多场合的计划。皮克斯多克夫妇寄出了数百封信后，他们的行为得到了广泛理解，在英国的很多公司组织办公地点，都挂上了由皮克斯多克夫妇设计的"爱心蜜罐"。不仅如此，一些知道"爱心蜜罐"事件的人，甚至主动给皮克斯多克夫妇写信，向他们索取"爱心蜜罐"。爱的力量是无穷的，是极具感染力的。皮克斯多克夫妇的募集行为感染了很多英国人，他们的"爱心蜜罐"在他们每次前往收取时，几乎都装满了硬币。

皮克斯多克夫妇收取"爱心蜜罐"里的硬币的脚步遍及英国的各个地方。有时为了去收取"爱心蜜罐"里的硬币，皮克斯多克甚至要驱车上千英里。皮克斯多克夫妇将"爱心蜜罐"募集到的硬币源源不断地送到了"科波特求助基金会"，为那些患癌症无钱治疗的患者献出一分力量。

为了"爱心蜜罐"能募集到更多的资金，皮克斯多克夫妇孜孜不倦地努力着，人们都亲切地将他们称作"爱心天使"。听到人们这样的赞誉，皮克斯多克俏皮地对妻子贝蒂说："我们成了一对长着皱纹的天使。"

120吨硬币感动英伦

10多年后，已经78岁的皮克斯多克驱车和妻子贝蒂前往英国格洛斯特郡泰特贝里市，去收取放置在那里的"爱心蜜罐"。回来的路上，皮克斯多克很是急切，想把这些硬币汇总早点存入"科波特救助基金会"的账户。疲累的皮克斯多克有些精神恍惚，车轮不小心碾到了路上的一块石头。皮克斯多克顿时把握不住方向盘，汽车一歪撞到了一边的行道树上，他陷入了昏迷。

皮克斯多克在医院里整整昏迷了三天三夜才醒来。醒来后，他看见妻子贝蒂正焦急地守候在床边。皮克斯多克问道："亲爱的，那些救助金已经存到捐助账户上了吧！"看见妻子轻轻地点了点头，皮克斯多克才长长地舒了一口气。随后，贝蒂告诉皮克斯多克，他出车祸住院的消息被报纸报道后，每天都有很多人打电话来询问他的伤情，人们都在关注着他的健康。听着妻子说，皮克斯多克心里非常愉快，一个人活在世界上，能够被人如此众多的人关心，那是多么幸福的事情啊！

  皮克斯多克在病床上躺了整整两个月时间。这位用"爱心蜜罐"募集救助金的老人，躺在病床上时，最让他高兴的事情是几位正在接受治疗的癌症患者打来了电话。那几位癌症患者是皮克斯多克夫妇"爱心蜜罐"募集到的资金帮助的对象。他们在得知自己的恩人出车祸后，非常着急，默默地在心里为他祝福，希望他挺过难关。得知皮克斯多克从昏迷中醒来后，接受他"爱心蜜罐"救助资金得到治疗的患者在电话里感激地说："谢谢您！如果没有您的帮助，我们或许已经不在人世了。是您给了我们生命的希望，我们一定会战胜癌魔的。"在这些患者的关注中，皮克斯多克迅速康复起来。

  康复后，皮克斯多克最关心的就是他和妻子实施的"爱心蜜罐"计划进展得怎么样。当妻子告诉他一切都好的时候，皮克斯多克抱着贝蒂幸福地笑了。随后，皮克斯多克夫妇再度携手实施他们的"爱心蜜罐"计划。

  贝蒂没有想到，她和丈夫皮克斯多克一起实施的"爱心蜜罐"计划募集而来的资金，有一天还会用到自己身上。在一次例行的身体检查中，贝蒂被检查出患有乳腺癌。长期从事"爱心蜜罐"计划的贝蒂并没有悲观失望，而是积极地开始进行治疗。在医院接受治疗中，她 20 年来利用"爱心蜜罐"募集来的资金，也用到了自己身上。这些硬币带来的好处，使癌症发现及时的贝蒂，得到了行之有效的治疗。

看着妻子贝蒂从癌魔围困中走出来的胜利身影，皮克斯多克无比兴奋地说："世间之事就是这样奇妙，我们在救助别人的时候，自己同时也会得到救助。这个世界上的每个人如果都能认识到这点，我们的世界将到处洋溢着爱，我们的'爱心蜜罐'将蔓延到更多的地方。"

尽管年事已高，皮克斯多克夫妇并没有停下他们的"爱心蜜罐"计划。20 多年来，皮克斯多克夫妇的"爱心蜜罐"计划，先后募集到了 32 万英镑的硬币，这些英镑累计加起来重达 120 吨，超过了一头成年蓝鲸的体重。他们继续孜孜不倦地努力着，并且希望有一天他们不在人世了，有另外的人接过"爱心蜜罐"的接力棒，让计划继续延伸。

获悉皮克斯多克夫妇的"爱心蜜罐"事迹后，英国女王伊丽莎白二世和菲利浦亲王在白金汉宫白色的会客厅里接见了他们，对他们的行为给予了高度赞扬。"爱心蜜罐"感动了每一个英国人，让很多处于困境中的人们得到了及时帮助。

　　每个人心中都有一个"爱心蜜罐"，只要你愿意开启，它就能给予困境中的人以无限温情的力量。你愿意开启你心中的"爱心蜜罐"吗？

与人方便

　　一对心地善良的夫妇在路边开了一家小杂货店。

　　这年夏天特别炎热，往来的路人总是被灼热的太阳晒得汗流浃背，嘴唇发干。这对夫妇的小杂货店里尽管也在卖着各种各样的饮料，但是真正前来买的路人其实并不多。大多数路人都是眼巴巴地看看那些价格较贵的饮料，吞吞口水，而后继续上路。

　　夫妇俩知道，那些吞口水强忍干渴的人，一定是兜里没有多少钱。晚上，妻子对丈夫说："这个夏天可真热啊！"丈夫赞同地回答："是啊。本来以为这样我们的饮料生意会好些的。"妻子想了片刻说："的确，往来的那么多路人看着我们货架上的饮料，买的人却很少。或许他们的兜里没有多少钱吧！我们何不在杂货店门口摆上一个免费的茶水摊，方便那些买不起饮料而又口渴的人，让他们喝我们免费提供的茶水呢？""可是这样会更加影响我们本来就不好的饮料生意啊！"丈夫有些犹豫。看着犹豫迟疑的丈夫，妻子笑着说："你好好想想，当初我们决定开这家杂货店的目的是什么呢？"丈夫眉开眼笑地说："主要是与人方便！"妻子也开心地笑了。

　　第二天，夫妇二人在杂货店门口摆放了一桶茶水和几只干净整洁的杯子。在茶水桶前方立了一块牌子，上面写着："天热路远，请君喝杯免费的茶水再上路！"过往的路人看见这块亲切的牌子后，都欢欢喜喜地前来喝夫妇准备好的茶水。在免费茶水的滋润下，路人们干渴的嘴唇不再干燥得起裂纹了。喝过茶水后，内心生出感激的路人总是要在杂货店里买上一点小东西，哪怕是一两毛钱的东西，以此来对夫妇二人的善心表示感谢。因为摆上的这个免费的茶水摊，夫妇杂货店里的饮料生意更加惨淡了。可奇怪的是，杂货店的整体生意不仅没有因为饮料生意的惨淡而不好，反而每天的营业额还在持续上升。

　　就这样过去了好多年，夫妇杂货店所在的地方成了闹市，那家小小的杂货店不见了踪影，取而代之的是一家大型百货商场。这家大型百货商场的主人，就是多年前那家提供与人方便的免费茶水的杂货店夫妇。这对夫妇是怎样从一个小杂货店发展成为一家大型百货商场的主人的呢？有记者前去采访他们，问他们发财的秘籍是什么。看着记者，夫妇笑着说："与人方便！"

是的，与人方便，这就是夫妇俩的小杂货店最终成为大型百货商场的秘籍。过去，夫妇俩提供的免费茶水，看似影响了他们饮料生意，可是却在路人的心中形成了信誉，形成了感激，从而不经意地把其他商品的生意带动了起来。现实生活中，有些生意人却因为缺少了这对夫妇这种"与人方便"的心理，往往使生意没有生机。

从上面这对夫妇的成功经历看，"与人方便"是一种很具有扩张性的经商理念。这种经商理念令顾客在不知不觉中心存感激，从而带来无穷的广告效应。生意如此，人生何尝不是如此呢？在"与人方便"的时候，你可能享受到的是"与己方便"的成功。

能借你的信用卡用用吗

如果有人如标题中这样对你说，你会认为他是骗子吗？答案不言而喻。但它在美国一个叫瓦伦丁的流浪汉和哈里斯的女高管间真实地发生了。

故事似乎很简单。

32 岁的瓦伦丁是纽约街头的流浪汉，哈里斯是美国纽约一家广告公司的女高管。瓦伦丁和哈里斯两人，一个处于生活最底层，一个拥有高级职位。他们像平面上的两条平行线，没有任何交集。

一天，哈里斯应朋友之邀前往餐厅吃饭。中途，朋友想到餐厅外抽烟，她跟着一起走到大街上。在与朋友聊天时，她不经意间侧头，发现不远处的街道边坐着一位流浪汉。回头看看餐厅里进餐的人们，哈里斯顿生同情："他吃饭了吗？"想到这，她情不自禁向流浪汉走去。

正向行人乞讨的流浪汉叫瓦伦丁。这天，他运气欠佳，乞讨良久，收效甚微。突然出现的哈里斯让他生出了一线希望。瓦伦丁微笑着说："美丽的小姐，能给我些零用钱吗？"

流浪汉的微笑感染了哈里斯。但她摸摸口袋，发现身上没有一分钱现金，只有一张信用卡。看着一脸期冀的流浪汉，哈里斯红着脸说："先生，实在对不起，我身上没有现金，只有信用卡。"

看着一脸歉意的哈里斯，瓦伦丁鼓足勇气道："美丽的小姐，我能借你的信用卡用用吗？"瓦伦丁觉得自己的要求很冒失，并不抱实现的希望。但出乎意料，哈里斯答应了他的要求。

瓦伦丁站起身，从哈里斯手里接过了那张没有密码的信用卡。看着走远的流浪汉，哈里斯和朋友一起回到餐厅继续用餐。十多分钟后，她看着朋友轻呼一声："上帝，我怎么把没有密码的信用卡给了一个流浪汉呢？"朋友一脸不屑："那家伙可能已经带着信用卡跑了！""好吧！"哈里斯摇头苦笑道。

然而，让哈里斯惊异的事情在她走出餐厅时发生了。她发现那个流浪汉回来了，而且按照约定把信用卡还给了她。看着一脸不可思议的哈里斯，瓦伦丁一脸感激："美丽的小姐，我为您的慷慨表示感谢。我用您给我的信用卡买了洗漱用品、水和一包烟，一共花去了 25 美元。"

哈里斯很为瓦伦丁的诚实守信感动，也为自己起初对他的怀疑而懊恼。随后，哈里斯和朋友一起，将流浪汉瓦伦丁的故事讲给了《纽约邮报》的一名记者听。《纽约邮报》将这一事件报道出去，并引起了关注。短短几天，《纽约邮报》接到了数百封读者电子邮件，表示愿意送钱给瓦伦丁。一名得克萨斯州的男子直接给了他近 6000 美元，以奖赏他的诚实。美国的威斯康星州航空公司更是表示，愿意招聘瓦伦丁担任空中服务员。

因为自己的诚实，瓦伦丁赢得了光明的未来，他再也不用沿街乞讨。

知道了这个故事，相信很多人情不自禁赞叹瓦伦丁的诚实德行。在赞叹他时，我们绝不能忘记哈里斯对瓦伦丁那最初的不可思议的信任。这个故事真正让人感动的，其实是人与人之间的信任。

绝症父亲的"父亲委员会"

　　美国作家布鲁斯·费勒不幸患了致命的癌症。想到那对可爱的孪生女儿，他原本坦然面对绝症的心再难平静。"不能让女儿因我的去世而失去本该拥有的父爱，在成长过程中留下无法弥补的遗憾！"在这一信念支撑下，布鲁斯灵机一动，决定组建一个"父亲委员会"，让"代理父亲"陪他那对孪生女儿玩耍、游戏、旅游，或教她们学习音乐……

　　在布鲁斯成功组建一个拥有6位成员的"父亲委员会"之际，他也爆发出前所未有的能量，奇迹般打破医生的"死亡预言"。此番经历，让他的新书《父亲委员会》震撼了美国，并将被好莱坞搬上银屏。

　　现年45岁的布鲁斯·费勒是美国颇有影响力的作家，住在纽约。他兴趣广泛，兼具冒险精神，他跋涉一万多英里游历圣经遗迹创作的《圣地踪迹》极为畅销，并被拍摄成美国公共电视台的热门系列片。在遭遇人生不幸前，布鲁斯写过 9 本书，这些书无一不畅销美国。

描写自己在马戏团当小丑经历的一本书里，布鲁斯写到了他和妻子琳达相爱的故事。24 岁那年秋天，他在马戏团舞台上进行表演，需要一位观众进行配合。目光扫过观众席，第一排正热烈鼓掌的一位女孩吸引了他。布鲁斯将这位名叫琳达的女孩叫上了舞台，她完美的配合让他表演的节目精彩纷呈。演出结束时，感到心理悸动的他留下了女孩的联系方式。随后，在布鲁斯猛烈的爱情攻势里，琳达成为了他的女友。两人相爱炽烈，于 4 年后跨进婚姻殿堂。

在妻子琳达的全力支持下，喜欢写作的布鲁斯离开马戏团，四处游历，成了一名成功的自由作家。但上天在赋予布鲁斯成功的事业之际，却压制着他成为一名父亲的渴望。琳达的子宫壁较薄，受精卵总是很难着床。直到两人婚后第 12 年，布鲁斯才拥有了一对可爱的孪生女儿。勤奋写作之余，他最喜欢的事，便是和一对孪生女儿一起玩耍。在孪生女儿伊登和蒂比蹒跚学步时，他便带着她们到野外游玩，进行各种探险。

一双可爱的孪生女儿让布鲁斯拥有了似乎取之不尽用之不竭的才气。在伊登和蒂比出生的短短两年时间里，他便出版了两本在出版界引起强烈反响的图书。看着金发飘逸的孪生女儿，布鲁斯觉得自己是这个世界上最幸福的人。但他的这种感觉并未维持多长时间，便被突如其来的噩运震得头晕目眩。

初春的一天，布鲁斯吃惊地发现，他右大腿上那个小肿块以不可思议的速度扩大着。在创作《圣地踪迹》时，游历圣经遗迹的布鲁斯出了车祸，车祸在他的右大腿上留下了一个小肿块，没想到若干年后，这个小肿块会扩大。医生诊断其右大腿上的肿块是一个 18 厘米大的恶性肿瘤。医生神情沉重地对他说："你腿上的这个恶性肿瘤已到晚期，很难将之切除，全美每年多达数千人死于这种恶性肿瘤。"

布鲁斯顿时有一种天塌下来的感觉。他很清楚医生话中的意思，他存活的概率相当渺茫。面对妻子琳达关爱的目光，他强作笑颜："亲爱的，医生说吃点药就没事了！"在拖着沉重的双腿走进书房后，布鲁斯再也无法抑制内心的凄苦，忍不住泪流满面。正在这时，孪生女儿伊登和蒂比冲进了书房，用稚嫩的嗓音对他说："爸爸，我们什么时候再去郊外啊？"

看到孪生女儿，布鲁斯赶紧擦干脸上的泪痕，笑着说："小家伙们，我们下周就去。"听到他肯定的回答，伊登和蒂比顿时兴奋无比："爸爸，你真好！"孪生女儿欢呼雀跃的场景，让起初沉浸在痛苦中的布鲁斯心里咯噔一响："上帝啊，如果我死了，伊登和蒂比怎么办？虽然她们有妈妈，但没有了爸爸。没有爸爸的孩子，该是多么可怜啊！"

接下来的一段时间，布鲁斯一边进行治疗一边想："日后我缺席了，没有一位父亲带着她们散步，参加芭蕾表演会，对她们的男友怒目而视，领着她们走完通往圣坛的过道。这对于她们来说，该是多么遗憾啊！不行，我不能让这样的遗憾发生在伊登和蒂比身上。"但如何才能不让这样的遗憾发生呢？在医生的"死亡语言"面前，布鲁斯突然有些无力。他想到了给孪生女儿留下一封信，说出一个父亲对女儿的心里话，但他又觉得这远远不够。

布鲁斯反复思考着。突然，他的脑子里灵光一闪："如果我真的去世了，我是否可以找几个朋友做伊登和蒂比的'代理父亲'，组成一个'父亲委员会'呢？让他们代理我作为父亲的职责。"布鲁斯越想越为这个想法着迷。他认为，这个别出心裁的主意，一定会让伊登和蒂比拥有完整的父爱。

　　布鲁斯在有了挑选 6 名好友为女儿组建一个"父亲委员会"的决定后，长舒了一口气。他将这个决定告诉了正和自己一起抗击癌魔的妻子琳达。最初，琳达表示反对，深爱布鲁斯的她坚信，布鲁斯一定会康复。但在布鲁斯的一次劝说中，她沉默地点了点头。

　　布鲁斯将为孪生女儿寻找的"代理父亲"锁定在了 6 位好友身上。之所以是 6 位好友，是因为早前他在自己写的关于亲子的一本书中提到过自己对于完美父爱的理解，完美父爱必须具备 6 个方面的能力：是旅行行家，能带着孩子感受世界；拥有爱心，能引导孩子关注美好的事物；思想时尚，能帮助孩子实现梦想；孩子喜欢你，能和孩子说上心里话；有创造力，能影响孩子们不断求索；答疑专家，如此才能解决孩子们的"十万个为什么"。

　　如今，既然自己不久于人世，要留给双胞胎女儿的一定是一份最完美的父爱才能弥补自己不在他们身边的遗憾。但他回想起自己这么多年来的经历，朋友很多，但是一时间如何找到最满意的人选呢？每一个被选中的朋友都将是女儿最信任的父亲，这些被选中的朋友们会不会答应他，且能尽到这份责任呢？

　　彻夜难眠的布鲁斯呆呆地坐在打字机前，他忍不住去看了看一对熟睡的小天使，月光下她们睡得真美。一瞬间，布鲁斯好像有了灵感，何不为组建"父亲委员会"拟一份招聘启事？这样可以节约时间，应聘的朋友肯定是自愿的。

　　于是，这个写惯了精彩游记和小说的父亲，开始动笔写了人生第一封招聘启事。用布鲁斯自己的话说："我写的时候，内心千回百转，觉得要写的招聘条件会列满 10 张纸，而薪水却是 0 美元！"不过，他知道，最真挚的聘请和最默契的托付是自己最大的筹码。

　　第二天，布鲁斯将招聘启事打印了多份，然后列好 15 位挚友的姓名、电话、优势和地址。终于等到了清晨，布鲁斯揉了揉自己因为熬夜而浮肿的双眼，他穿上了最好的衬衫和西装，就像一个要去著名公司应聘的紧张职员，临走时他再次看了一眼两个宝贝后，出发了。

　　他的第一个目标正是自己多年的邻居，马克斯，隔壁的"肌肉叔叔"马克斯曾是他耶鲁大学的同窗和校友，马克斯很喜欢布鲁斯的文字，佩服他的才情，不开心时两人总在一起喝喝小酒。马克斯平时做健身教练，实则是一家非营利青少年服务公司的负责人，和孩子们总有话说。

　　显然，马克斯的这一能力是布鲁斯无法企及的。一对双胞胎总喜欢爬上马克斯的腿上，别看马克斯一幅大块头，对孩子们却极有耐心，任她们怎么吵闹，马克斯总是一脸微笑。孩子们愿意跟他一起辨识院子里的花草，门前小河里游过的小鱼。最重要的是，马克斯总会跟所有的孩子说，布鲁斯在耶鲁的时候有多么的传奇，让布鲁斯在孩子们眼里也变得非常亲切。有一个会将自己的故事讲给女儿们听的老友，不失为最好的"爱心父亲人选"。

　　敲开马克斯门的时候，马克斯吓了一跳："伙计，你今天是要去演讲吗？"没想到，布鲁斯从包里取出一张纸，读了起来："虽然我的孪生女儿将来会互亲互爱，拥有一个舒适的家，但她们可能将会没有父亲。""停——"马克斯觉得布鲁斯今天有点反常，布鲁斯示意让他念完："你愿意帮助我履行当父亲的职责吗？你愿意倾听她们诉说心事吗？你愿意回答她们的疑问吗？你愿意经常带她们出去吃午餐吗？你愿意无数次地耐心观看她们学跳芭蕾舞吗？你愿意经常给她们提出人生忠告吗？你愿意在她们面临困难时帮助她们吗？你愿意充当我的声音吗……"

　　布鲁斯念完后，大汗淋漓，他觉得念这封信的感情已经超越自己以前写过的任何情书，甚至超过了曾对妻子写下的求爱信。他擦了擦汗，这才抬起头看了看嘴巴张得大大的马克斯。"嘿！我得了绝症，不是愚人节的玩笑，是真的，老友！"就这样，两个男人坐在一张小桌前达成了协议，马克斯抱着布鲁斯有些哽咽，这个身体强壮的大男人拍着布鲁斯的肩膀道："上帝会保佑你的，爱心父亲没有问题，不过你一定要挺住啊！"说完痛哭流涕了起来。布鲁斯很开心自己的第一次招聘就取得了成功，他没有哭，转身向第二个朋友家走去。

　　第二个朋友是最可能拒绝他的人，因为他是布鲁斯招聘启事中"时尚父亲"的最佳人选，戴维·布莱克50岁，也是和布鲁斯共事最久的朋友，他是一名文学代理商，戴维喜欢任何现代时尚的东西。而之所以选他，是因为布鲁斯认为，孩子以后的发展需要一个懂得规划人生的父亲的指导和帮助。

但是戴维是个独身主义者，他自己没有孩子，家里除了自己就是一只聪明的拉布拉多犬，所以这突如其来的父亲责任很难被他接受。

推开戴维家的门，他正在对着一幅新收藏的油画兴奋不已，看见布鲁斯这副打扮说："老友，你是要陪我去参加最新的拍卖会吗？""不是，我想我有很重要的事情拜托你！"见布鲁斯这么严肃，戴维也坐了下来。当布鲁斯念完这封信后，戴维的反应与他料想得一样，戴维立即拒绝了："布鲁斯，我同情你的现状，但作为父亲我显然不够格，我没有做过一天父亲。不是我不愿意，是我觉得责任太过重大！"布鲁斯没有做过多的解释，而是直接将戴维带回了自己的家，此刻一对小女儿正在做游戏，精灵般的笑声响彻整幢房子。看见这个打扮时尚的叔叔，她们礼貌地向戴维打招呼。恰逢这天，小家伙的宠物——一只比熊犬要生小宝宝，小宝贝们一听到消息全跑到小狗身边。孩子们轻轻地安慰着她们的宠物，看着狗妈妈痛苦的神情，小一点的女儿也跟着哭了出来。这一幕深深地震撼了戴维，孩子们是最纯洁的天使，失去了父亲将是多么严重的打击，她们太需要人帮助了。于是，戴维也蹲下来，帮助小狗完成了生产，抱着怀里可爱的小狗仔，戴维心里似乎有了答案。就这样，经过慎重考虑，一周后戴维给了布鲁斯最后的答案，愿意作为宝贝们的"时尚父亲"，将来会尽力帮助这对女孩实现她们的人生梦想。

就这样，经过连续一年的初选、面试和试用，"旅游父亲"选定了老友杰夫·夏姆林，49 岁，是一家旅游公司的老板，他和布鲁斯认识了 20 多年，和布鲁斯一样都爱好旅游，可以带着小女儿们到她们想去的世界任何一个角落旅行。"老朋友父亲"则选定了本·爱德华兹，45 岁，是骨骼放射学家。本和布鲁斯是童年好友。在试用过程中，本经常带这对孪生女儿们到他和布鲁斯小时候常去的一条运河边游玩，并告诉她们当年曾和她们的父亲一起在这里捉蝌蚪。"创造力父亲"是约苏华·拉莫，41 岁，他是商业顾问和特技飞行员。在应聘"创造力父亲"时，他认真地拟出计划，要教这对双胞胎背莎士比亚的十四行诗，教她们欣赏奥地利作曲家马勒的交响乐，告诉她们如何才能在生活中轻易地发现美。"询问者父亲"则是孩子们自己选的，他叫本·谢沃德，46岁，电视制片人、艾美奖获得者，孩子们从电视上认识他，对他非常崇拜，很喜欢问他问题，而本也会耐心地讲解，他称自己会教这对双胞胎如何追寻人生真理，追求美好的事物。

又一个圣诞节来临，布鲁斯必须要进入医院进行化疗，虽然知道自己的病无法逆转，但是他越来越贪恋自己在这世上的最后日子。女儿们不知道爸爸的病，却一下子在生活里多出了6个爸爸，她们每天都很新鲜，每天都不孤独，唯独周日是留给布鲁斯的，因为他能从医院回来听孩子们讲讲一周的关于"新爸爸们"的故事。布鲁斯对老友们充满了感激，但是内心深处却又免不了失落，一次女儿们在讲到"老朋友父亲"本带她们去看了动物园里最可爱的斑马后，他眼泪里噙满了泪水，如今连这最简单的要求，自己也无法做到了。不过，女儿们一声声"爸爸，你什么时候可以天天陪着我们？你什么时候能去看我在班里的新画作？你什么时候能烤我最喜欢吃的华夫饼？"又让布鲁斯觉得，女儿们很需要他，他必须为了她们，努力多活一天，再多一天！

就这样，布鲁斯在双胞胎女儿和 6 位老友的鼓励下，努力恢复。尽管当布鲁斯接受癌症治疗时，他一度 9 个月卧床不起，并失去了所有头发和眉毛，布鲁斯一度甚至无法走路，他认为自己马上就要死了。但奇迹还是发生了，布鲁斯接受癌症治疗后，竟奇迹般地康复了，医生检查发现，他体内的癌细胞已经消失了。不过，医生仍然无法担保他的癌细胞不会卷土重来。由于布鲁斯并没有不治身亡，所以他亲手为女儿挑选的"父亲委员会"没有派上原计划中的用场。

确定自己完全康复的那天，6 个老友将聘书还给了布鲁斯，布鲁斯急忙说道："我现在好了，但是不一定以后不会复发啊，这可是签的终身合同啊！"但是 6 位老友都没有理会他的抗议，而是抱起一对可爱的小宝贝，走进了屋里。布鲁斯跟了进去，看见了这样一幅情景，六个非常优秀的大男人围坐在两个天使般的宝贝周围，有说有笑，女儿们非常开心，大声叫着布鲁斯："爸爸，你知道吗？同学们都很羡慕我们，因为我们有 7 个爸爸！"一时间屋子里笑声一片……

第四辑

梦想绽放奇迹，
每个情节都生动

这个世界上，没有人可以拒绝奇迹！在梦想者的世界里，

奇迹是一颗玲珑之心，让追求之路的风景也变得生动。

那颗心跳动着，那么有节奏和鲜活，又那么欢乐，让人不由心生向往。

你能成为奇迹的拥有者吗？

其实，你就是一个奇迹，在流逝的日子里，光彩夺目！

英吉利 =13.5 小时

英吉利海峡最窄处位于英国多佛尔和法国加来之间，全长34 公里，这是地理常识。但一个叫菲利普·科洛松的男子，用他无四肢的身体告诉我们——英吉利海峡宽 13.5 小时。

科洛松出生于法国。他从小便热爱游泳，喜欢身体漂浮于水面上的自在感，喜欢四肢拨水推动身体前进。只要得空，科洛松便会前往任一江河湖海，或者室内游泳池，与水为亲。但不幸在他 26 岁那年发生了。

这一年，科洛松到屋顶搬动电视天线，不幸被附近一条高压电线传导的电流所击中。在医生的全力抢救下，他捡回了一条命，原本粗壮有力的四肢却被截除了。对于失去四肢的科洛松而言，再下水游泳成了难以实现的梦想。看着波光粼粼的水面，他经不住心痛："难道我就这样永远告别游泳吗？"

"不，这不是我所想要的！"在短暂的苦闷后，科洛松对自己说。他发誓要再回水中继续游泳。沉思良久，他给自己安上了有脚蹼的特制假肢。看到科洛松怪异的样子，有人取笑道："连手脚都没有还想游泳，真是痴心妄想。"

科洛松没有理会这样的冷嘲热讽，坚持己见地进入了水中。但他接下来的遭遇，给那些取笑者落下了口实。

由于没有熟悉的四肢拨动水，科洛松像石头一样向水底沉去。被人救上岸，在经过短暂休息后，不服输的他再度进入了水中。就这样，一次又一次地尝试，科洛松终于能够灵活地运用带有脚蹼的特制假肢在水里游来游去了。

两年前，科洛松与家人一起到加来旅游。在沙滩上，感受着大海的辽阔壮观，他有了一种强烈的冲动，横渡眼前的英吉利海峡，用残缺的身体去丈量英吉利海峡。家人得知他的想法后，认为这很疯狂。

他们理由充分，这里尽管是英吉利海峡的最窄处，但也有34公里宽。对于四肢健全的普通人来说，34公里的海面也是很难逾越的天堑，何况是一个失去四肢的残疾人呢？但科洛松认为，四肢健全的普通人不能完成的事，并不等于他不能完成。

旅行结束时，科洛松说服了起初持反对意见的家人。随后，他开始了横渡英吉利海峡的准备——无论天晴落雨，他每天都要去水中练习几个小时。科洛松知道，横渡英吉利海峡，光有恒心是不够的，必须有足够的耐力。经过两年多孜孜不倦的准备，他觉得自己做好了充足的准备，横渡英吉利海峡的时机已到。

科洛松的想法是从英国游回法国，让亲人们守候在法国海岸见证他的奇迹，为他而骄傲。他打算从英国肯特郡的福克斯通下水，游回法国加来。

那天的清晨6点，科洛松跳进了凉意十足的海水中，开始了他的横渡英吉利海峡之旅。涌动的海浪冲击着他，在浩瀚的大海里，科洛松显得那样渺小。随着入水时间增加，在盐浓度极高的海水浸泡下，科洛松感觉全身的每一处都在痛。尽管如此，他并没有打算放弃，也没有想过不会成功。在海水环绕中，科洛松只有一个念头："哪怕是漂，我也要漂回法国。"

不屈不挠的科洛松，成了大海里一道至美的风景。跟随伴护的人们，被他在水中艰难挣扎的身影所深深打动。途中，甚至有三条海豚被科洛松所吸引，来到他的身边伴游。经过 13.5 小时的努力，科洛松于晚上 8 点左右抵达了加来格里内角海岸。这个时间，比他起初预计的 24 小时游完全程快了将近一半。

　　看着在海岸等待已久的亲人们，科洛松感觉幸福极了。面对采访的记者，科洛松笑着说："决定横渡英吉利海峡时，我做好了最坏打算，实在不行，漂也要漂回法国。但事实是，我游回了法国。令人兴奋的是，我真正知道了英吉利海峡的宽度，它宽 13.5 小时。不过，这是我的宽度，或许你的宽度不一样。"

　　英吉利海峡宽 13.5 小时！这是专属于科洛松的宽度。他在用无四肢的身体说出这个答案时，也创下了世界上第一个四肢均残者成功横渡英吉利海峡的纪录。获悉他的这一壮举，法国前总统萨科齐写信对他表示了热烈祝贺，称赞他创造了伟大的奇迹，用身体完美丈量了英吉利海峡。

母爱的坚守

"你生下了一双儿女。但对不起，我们只救活了姐姐艾米丽，没能救活弟弟詹米！"医生低沉的嗓音让凯特头晕目眩，摇摇欲坠。身侧的丈夫大卫眼疾手快，赶紧将她扶住。

从医生手里接过已经包裹起来的詹米，凯特伤心欲绝："亲爱的，这不是真的，咱们的詹米不会就这样死去！"在丈夫大卫的帮助下，她轻轻打开了包裹詹米的毯子。詹米小小的胳膊和腿，软软地耷拉着，似乎要从他的身上掉下来一般。眼前毫无生气的詹米，让凯特心神俱痛。

半年前，获悉自己身怀双胞胎，凯特的心沉浸在无以言述的幸福中。她满心欢喜地等待着，希望两个孩子能健康地来到这个世界上。或许是对这个世界的向往太过殷切，在凯特怀孕27周时，肚中的两个小家伙便躁动起来。经过医生的悉心照料，女婴艾米丽幸运地存活了下来。但男婴詹米刚一出生便没了呼吸，医生在对其进行数十分钟的紧急抢救后，不得不宣告其已经死亡。

　　凯特抱紧詹米，对医生的宣告置若罔闻："我的詹米没有死，他一定还活着！"如此想过后，她脱掉病服，让詹米的头枕在自己的手臂上，而后用另一只手轻轻抚摸他。凯特在进行这些动作时，怀里小小的詹米依旧一动不动。但她没打算放弃。看着詹米，凯特和丈夫大卫轻声言语："亲爱的，你知道吗？爸爸妈妈给你取名詹米，你还有一个姐姐叫艾米丽！""你不要一直这样睡觉好吗？快快醒来，这辈子我们一家还有很多事情要一起去做！""亲爱的，你听到了吗？爸爸妈妈很爱你，你也一定舍不得离开爸爸妈妈！"

　　良久，凯特感觉詹米轻微地吸了一口气。"他真的还活着！"凯特兴奋地对医生大声喊道。但医生告诉她，这只是人死后的反射作用。医生的解释并未让凯特和丈夫大卫停止呼唤。偶然吸气的詹米给了凯特更多信心："我的詹米一定还活着"。她继续坚守着。突然，凯特感到怀中的詹米好像受惊一般轻轻动了动，随后竟开始越来越频繁地吸气。突如其来的一幕，让凯特和丈夫大卫的心跳骤然加快："天啊，我们的詹米真的还活着！"

凯特抱着詹米的手轻轻地用了用力，想让他更切实地感觉到她的温暖。两个小时后，在被医生宣告死亡两个小时后，詹米竟然奇迹般地睁了睁小小的眼睛，甚至还转了转头。凯特不再犹豫，赶紧让助产士告诉医生，说孩子有存活的希望。然而，医生坚持认为詹米不可能还活着，他们看到的只是反射作用。为了向医生证实詹米依旧活着，凯特在手指上沾了一点母乳给他，小家伙竟然轻轻地吸了进去。随后，詹米开始了正常地呼吸。这时，前来探视的医生，在听了听詹米的心跳后，连连摇着头说："真是太难以置信了，你们战胜了死神！"

在随后参加的澳大利亚一电视访谈节目《今日今夜》上，凯特的丈夫大卫深情地看着凯特说："能有凯特这样坚强、聪明的妻子，真是太幸运了。她所做的一切，都是出于对詹米的爱。如果没有她锲而不舍的坚守，我们的詹米就可能真的不存在了。"我们都知道母爱很伟大，但是你能够想象得到，这种力

量竟然强大到了可以战胜死神的地步吗？凯特用母爱力量的坚
守，让本已被医生宣告死亡的孩子再现生机，给了你足够的想
象。凯特创造的不可思议的奇迹向我们昭示，母爱的力量真的
是战无不胜。

小羊藏刀

　　羊汤馆老板为了标榜自己店里提供的羊肉肉质鲜活味美，特在店门口设置了一个宰杀活羊的现场。这天，老板把从农户家买来的一大一小两只羊牵到店门口，叮嘱伙计赶紧将大羊宰杀。伙计把屠刀放在两只羊旁边的长凳上，转身进屋拿盆子以备接羊血。意外在这不到两分钟的时间发生了。

　　伙计把盆子拿出来后，无论怎么找都找不到放在凳子上的那把屠刀。伙计问店里其他人，其他人都说没看到刀子。突然，有人在一旁插言："谁要是把刀子拿去行凶，那可就是提供凶器的罪了！"这话让被安排宰杀羊的伙计无比心急，吓得额头上汗水直流。然而，那把屠刀就像飞到了天上一般，踪影全无。

　　看着紧张得汗水直流的伙计，大家劝他不要害怕。这时，有人大声叫了起来："你们看，那两只羊在流泪呢！好稀奇哦！"

听到这个人的叫声，所有人的目光齐刷刷地看向了一大一小两只羊。在众人的目光里，大羊正低着头，眼角下的毛皮也被泪水浸湿，正用舌头一下下地舔舐趴在地上的小羊。而仰望着大羊的小羊，眼睛里也是泪水汪汪。这一幕，让在场的所有人心里都不禁一颤。"难道这两只羊知道它们即将面临生离死别吗？"有人忍不住喃喃自语。

眼前这一幕，让羊汤馆的老板想起了卖羊人曾说过的话，他说这两只羊是娘儿俩。老板心想："或许真如说的那样，这娘儿俩知道离别在即，正在惜别呢！"想到这里，老板突然动了恻隐之心，不管眼前这两只羊是因为惜别而流泪，还是别的什么原因，他都让伙计赶紧将小羊牵走，不让它亲眼看到大羊被宰杀的场景。伙计走到了两只羊跟前，解下了套着小羊的拴在木桩上的绳子。伙计费了很大劲，才把趴着身体的小羊牵起来。站起身的小羊，令在场的所有人都不可思议地睁大了眼睛。

在小羊刚才趴过的地方，一把亮闪闪的刀子横摆在地上。看见刀子，伙计兴奋地叫了起来："这就是我放在凳子上的刀子！"其他人听到伙计的叫喊声，突然像明白了什么似的，有一种想流泪的冲动："一定是小羊将凳子上的屠刀藏到了身下！"在场的所有人眼前突然幻化出这样一幕：小羊充满畏惧地靠近凳子，用它那吃草的嘴衔起寒光闪闪的刀子，而后战战兢兢地走回大羊身边，将刀子放在地上，再用还未成熟的身体趴在冰冷的刀子上面……

老板没有再让伙计宰杀这一大一小两只羊，而是将它们牵到野外放了生。随后几天，老板的眼前总是出现两只羊流泪的场景，以及那令人心震撼的小羊身下闪着寒光的刀子。再之后，老板将自己开了十多年且生意红火的羊汤馆关掉了。几个月后，人们再经过那家曾经的羊汤馆所在地时，发现曾经的羊汤馆变成了一家小动物医院，曾经的羊汤馆老板正在里面忙碌。不过，此时他不再是羊汤馆老板，而是这家小动物医院的老板。

这是报纸上的一则新闻，记者说这是发生在生活中的一件真实的事。不知道会有多少人相信新闻里说的这件事，但一定会有人选择去相信。人们选择相信这则新闻真实性的道理很简单，人心向善，人们总是希望这个世界上像小羊和羊汤馆老板一样的人再多些。若真如此，我们这个世界一定会处处洋溢着善和爱的芬芳。

22 岁单亲妈妈的逆袭

凯特高调了一把，她在社交网站上晒出了一颗价值 24.2 万英镑的钻石。当然，她是这颗钻石的主人。在灯光的照射下，那颗钻石焕发出了耀眼的光芒。围观者都忍不住惊叹："哇，好美丽的钻石，好奢华的生活。"

不错，用"奢华"一词来总结凯特而今的生活，当真是再恰当不过了。日常生活中，她穿的用的都是顶级名牌，出去旅行住的也是上千英镑一晚的高级酒店。在凯特过着极为光鲜极为体面的生活时，还有谁能够记起，在她 22 岁那年，大家都在同情她，认为她的未来会黯淡无光，生活会非常艰难。

22 岁那年发生的事情，是凯特人生的一个巨大转折点。这一年，她意外地怀孕了。生活中，我们常看到一些年轻女孩在未婚先孕后，害怕地选择了流产。凯特会这样做吗？在短暂的惊慌后，她告诉自己："这个世界没有过不去的坎，只要坚持坚持，挺一挺就过去了。"如此想过的她，没有成为那些女孩中的一员，而是将朋友们"你会因此离开学校，未来会过得很艰苦"的劝告置诸脑后，做出了一个大胆的决定：生下孩子，做个好妈妈。

凯特知道，做好妈妈，就要为孩子创造良好的生活条件。因此，生下女儿后，在层出不穷的担忧目光里，她没有离开学校，而是一边学习，一边打工，一边照顾女儿。由于打工的时间不多，凯特的薪水很低。如此，她的生活非常困窘。一些看不下去的朋友向她伸出了援助之手。在人们诧异的目光里，她却选择了拒绝。

拒绝援助，不是凯特抹不开面子，而是她认为，必须依靠自己坚持下去，只有这样才能成为女儿的榜样。如果遇到一点困难就接受了他人的援助，可能会消磨她坚持的决心，产生懈怠心理。凯特不想懈怠。

她对自己说："再坚持坚持就挺过去了！"也正是这种心理的驱动，凯特并没有退学，而是选择继续攻读大学商业管理学位。时间对她来说显得尤为珍贵。为了好好学习，还要挣钱养活自己和女儿，她必须抓紧每分每秒。在其他人周末出去玩乐，到酒吧喝酒时，凯特在学习、打工，或者陪伴女儿中度过。"只有把握好生活的每一秒，我才能掌控自己和女儿的未来。"凯特这样想着。

争分夺秒的凯特，生活得很不容易。但朋友们发现，不管如何艰难，如何不容易，凯特都非常注意个人形象，注重衣着打扮，始终以最光鲜亮丽的形象出现在朋友们面前。凯特觉得，在所有人都认为你落魄的时候，你更应该自信，更应该坚持自己的美好。她从来不放弃坚持，不放弃希望，她始终笑对人生。凯特相信，只要坚持不懈，她和女儿就可以拥有美好的未来。依靠自己的勇敢坚持，她终于大学毕业了，不用既要照顾女儿，又要学习，还打工挣钱。与过去相比，凯特觉得生活简单了很多。

看着可爱的女儿，凯特想起了"成为好妈妈"的那个愿望。她决定创业，开了一家制革店。或许是凯特一直以来的坚持感动了上帝吧，她制革店的业务出奇的好。很快，她便赚到了人

生的第一桶金。但凯特并没有满足已经取得的那点成绩，因为
女儿在看着她，她觉得好妈妈就应该不停地坚持，成为女儿的
榜样。

　　在制革店的基础上，凯特又涉足美容领域，开了一家美容
院。在生意上，不管遭遇什么困难，她都没有想过放弃，她一
直记得自己对自己说的话："坚持坚持，挺一挺就过去了。"凯特
的坚持获得了丰厚的回报，才 20 出头，便赚到了人生的第一个
100 万。但她没有停下来，继续坚持着，并最终成了利物浦文
物市场的所有者。

　　成功后的凯特，成了他人艳羡的对象。凯特认为，她之所
以能够在几乎所有人都不看好她的未来的情况下完成逆袭，唯
一依靠的便是自己的坚持，不向生活的晦暗低头，甚至还将生
活的晦暗面当成坚持下去的最好理由。依靠坚持，凯特从 22 岁
那年除了女儿外一无所有，到后来取得了事业上的成功，并再
次赢得了真挚的爱情，嫁给了一个叫葛拉汉的男子，又生下了
一对可爱的双胞胎宝宝。

　　单亲妈妈凯特的完美逆袭，向我们陈述了这样一个事实：

即便天下所有人都看轻你，你都不能看轻自己，因为那些看轻你的人，他们不可能看到你的未来，能真正把握你自己未来的那个人，只能是你自己。

只剩 100 元闯荡广州

初到广州这座繁华的南方大都市，我对此行充满了必胜的信心。心想凭借自己的能力，找个收入好且又轻闲的职业，肯定轻而易举。然而，20 多天过去了，我身上所带的 1000 多元钱已经花得所剩无几，仍旧是无业游民一个。摸摸口袋，里面有几张皱巴巴的纸币，加在一起共有 100 元，它们是我全部的家底。

100 元，在消费惊人的广州能够坚持多久呢？一天，两天……想着随时可能流浪街头，我无法不忧心忡忡。我心灰意冷地从旅馆里搬了出来，带着简单的行李前往火车站，准备回家，当一个失败的逃兵。在人群熙熙攘攘的候车室里，看着那些依依惜别的场景，我想到了当初前往广州时朋友们给我送行的场景。是时，我信誓旦旦地告诉过朋友们，说你们就等着哥儿们衣锦还乡的那一天吧！如果我就这样落魄地回去，朋友们不笑掉大牙，那才是怪事呢！

经过慎重思考，我决定破釜沉舟，用身上这最后的 100 元钱再搏一番："我就还不信了呢，广州没有理由拒绝我！"走出喧嚣嘈杂的火车站，我买了一个 3 元钱的面包和 2 元钱的发布有招聘启事的报纸。这时，我身上只剩下 95 元钱了。

在火车站出口，我看见一个中年妇女正东张西望，她的前面放着两只皮箱。"她可能提不动那两只皮箱吧？"如此想过后，我走到了那位中年女士面前，对她说："女士，需要帮忙吗？"

中年妇女没有回答我，用充满疑惑的目光看了我片刻后，轻轻地点了点头。在她的同意下，我提着她的皮箱走到了一辆出租车面前。随后，在她的示意下，我将皮箱放到了出租车的后备厢里。办完这一切，我拍拍手，准备转身走开。突然，中年妇女从小巧精致的手提包里掏出了一张 10 元的钞票，递到我面前说："谢谢！这是你的报酬。"

看着那张在风中摇曳的 10 元纸币，我想她一定是将我当成了力夫。原本很想拒绝的，因为我是抱着帮助人的心理提皮箱的，但稍做犹豫，还是从中年妇女手里接过了那张 10 元纸币。钱是现在的我迫切需要的，再说我也为她付出了自己的劳动，得到报酬也没有什么不好意思的。我的 95 元钱刹那间变成了 105 元。中年妇女所给的这 10 元钱，是我抵达广州以后挣到的第一笔报酬。拿着钱，我感慨不已。

之后，我在所买的那张报纸上找到了一份自感适合的工作。然而，经过一天的奔忙，我依然是无业游民一个。抱定"华山一条路"心理的我早有准备，并没有因此失望，我决定第二天继续战斗。夜深了，我花 10 元钱找了一家便宜的地下旅馆，在挤着十几个人的大通铺上凑合了一夜。到广州的 20 多天时间里，我从来没有像这天晚上那样睡得香甜过。

翌日晨，我花 4 元钱吃了一顿饱饱的早餐。早餐后，我身上还剩下了 91 元钱。

这一天，我的运气比较好，竟然找到了一家广告公司，帮他们在大街上散发传单。忍受着过往大多数人的不理不睬，我又挣到了 30 元钱的报酬。我的 91 元钱又增长到了 121 元钱。就这样，在接下来的五六天里，我那最后的 100 元钱一直没有用完，不仅没有用完，还越变越多。

天无绝人之路，在我的努力坚持下，老天终于将好运降临到了我的身上。几天后，我找到了一家愿意试用我的小报社。报社真的很小，是一家只有十多个人的社区报。上班的第一天，我便以出色的采访能力和文字功底，为报纸写出了一篇头版焦点文章，获得了老总的赏识，很快被转正留了下来。

后来，我离开了那家小报，在广州一家享誉全国的大报做新闻关注的栏目主持，并且在业内小有声气。

而今，我已经在广州待了10多年时间，有了自己的房子，有了车子，有了幸福的家庭。那让我坚持留下来的100元钱，已经呈几何数地增长了很多倍。要是当初用这100元钱回了家，现在的我又该是个什么样子呢？实在很难想象，或许会被打击得一直萎靡不振，一事无成。

朋友所讲述的他在广州落魄奋斗的经历，让我感慨良多：很多时候，所谓的绝境其实并非真正的绝境，只要我们勇敢地坚持下去，一定会看到更美的风景。

"飞鱼"传奇

2016 年 8 月 21 日，里约奥运拉上了胜利的帷幕。有"飞鱼"之称的美国选手菲尔普斯在本届奥运会上豪取 5 枚金牌，将个人奥运冠军金牌纪录刷新到了 23 个，成为名副其实的奥运冠军王。

在惊叹菲尔普斯的傲人成绩时，人们绝不会想到，31 岁的他曾经是个"问题少年"——患有多动症，被人鄙视。到底是什么力量，让菲尔普斯完成不可思议的冠军逆转的呢？

问题少年？游泳神童！

1985 年 6 月，迈克尔·菲尔普斯出生在美国马里兰州郊区的一个小镇上。在幼儿园，他总是因为和别人抢玩具或是上课时溜出教室被老师罚站。母亲黛比很担心，将菲尔普斯带到医院检查，发现他患有严重的多动症。

为给菲尔普斯进行治疗，黛比接受医生的建议，将他和两个姐姐送到巴尔的摩水上俱乐部参加游泳训练。第一次来到水上俱乐部，菲尔普斯在里面大喊大叫："我是世界冠军！"菲尔普斯的兴奋，让黛比感到欣慰："或许游泳真有神奇的治疗效果。"

但黛比很快再度担忧起来，游泳治疗效果并不明显。在学校，菲尔普斯仍无法做到完整地上完一节课，同学们都嘲笑他"是一只安静不下来的猴子"。同学们的嘲笑让他很难过。在游泳俱乐部，菲尔普斯的二姐惠特妮频频受到教练称赞，大姐希拉里也被誉为"天生的游泳者"。唯有当初大喊大叫"我是世界冠军"的菲尔普斯不被任何教练看好。

1995 年春天，巴尔的摩水上俱乐部来了一位名叫鲍曼的教练。鲍曼到来第一天，在与所有孩子一起分享雪糕时，发现菲尔普斯仍然在泳池里自顾玩水。对他不了解的鲍曼问其他孩子："他的游泳很出色吗？"其他孩子哈哈大笑道："这只多动的猴子，游泳太笨了。"好奇的鲍曼下到水里，要菲尔普斯游几圈给他看看。一向不受教练喜欢的菲尔普斯很高兴，不知疲倦地在泳道里来回穿梭。鲍曼惊奇地发现，菲尔普斯尽管泳姿不够标准，但身体与水的吻合度近乎完美。

　　鲍曼激动不已，主动找到黛比，说他很乐意成为菲尔普斯的教练。几年来，黛比在医生建议下不断给菲尔普斯吃药治疗，效果都不明显，她很苦恼，担心这样下去儿子前程堪忧。有教练愿意管菲尔普斯，黛比非常乐意。

　　之后，无论是对鲍曼，还是对菲尔普斯，都是一种磨炼。鲍曼发现菲尔普斯的状态很不稳定。有时，这个 11 岁的小男孩能够不知疲惫地游上两三个小时，速度和姿势几乎可以和任何一位职业选手相媲美。有时，他只游完 200 米就筋疲力尽了。鲍曼决定到菲尔普斯家中去一趟，寻找问题症结所在。还在菲尔普斯家门外，鲍曼就听见黛比在大声训斥菲尔普斯。原来，菲尔普斯对学习不感兴趣，这次考试成绩很糟糕。黛比很生气，罚他不吃晚饭。这次家访让鲍曼知道，菲尔普斯不够稳定的状态或许来自母亲的压力。

　　鲍曼进门后，气急败坏的黛比冲他大发雷霆，说儿子根本不是什么游泳天才，不希望他再与水为伴，荒废学业。鲍曼说："夫人，如果我保证让菲尔普斯学习游泳两不误，您能答应他继续游泳吗？"黛比还没回答，菲尔普斯就在旁边大声说："妈妈，我不要再吃那些药了，我能够控制自己。如果您继续让我游泳，我保证学习会好起来。"菲尔普斯坚决的态度感动了黛比。

　　来自母亲的压力减轻后，在鲍曼科学训练下，菲尔普斯的游泳天赋被一步一步挖掘了出来。他开始代表学校和俱乐部参加州里的比赛，并在蝶泳和自由泳的项目中一直处于冠军地位。

　　1996 年，菲尔普斯身高达到了 170 厘米。但不妙的是，他的上下躯体比例严重失调：手臂越长越长，下肢相对较短，还出现了驼背迹象。菲尔普斯的长相被很多人嘲笑为"一只没有完全进化的类人猿"。

　　这种嘲笑严重打击了菲尔普斯，促使他要不断取得成功，以回应那些嘲笑。但要命的是，在学校常规体育锻炼中，菲尔普斯总是在跑道上失去重心，不时摔倒在地。而到了水里，菲尔普斯这副比例失调的身体，却得到了充分发挥。在泳池中，他长长的手臂可以帮助他提早触摸到电子计时屏，被人嘲笑的驼背成了能与水紧密结合的最佳弧线。

在巴尔的摩，在水里才信心满满的菲尔普斯一次次不可思议地刷新着州游泳纪录，他成了妇孺皆知的游泳神童。

以"爱"的名义阻截爱

菲尔普斯在水里非常自信，在陆地上却很自卑。为树立他始终如一的自信，鲍曼不时告诉他："菲尔普斯，你是最棒的！"

看到儿子的进步，黛比很感谢鲍曼。为表示谢意，她时常邀请他到家里吃晚餐，这让和鲍曼建立了深厚情谊的菲尔普斯非常兴奋。

那时，菲尔普斯的二姐惠特妮正在国家集训队为巴塞罗那奥运会备战。二姐一直是菲尔普斯心中的英雄，是他前进的动力和目标。他暗下决心，争取进入 2000 年悉尼奥运会国家集训队。离巴塞罗那奥运会的举办仅有一个月时，不幸从国家游泳集训馆中传到了家里，惠特妮在一次训练中意外拉伤肩背肌肉，无缘奥运。看到母亲黛比健尔马伤心，菲尔普斯说："二姐不能参加奥运会，我来实现她的愿望吧！"

从1996年到2000年，鲍曼对菲尔普斯展开了魔鬼式训练，每天五点半起床后，要他做的第一件事就是戴上泳帽直奔游泳池。按照鲍曼的计划，菲尔普斯每天都要游11公里左右。长期超强度的训练使得菲尔普斯胃口惊人，心情愉快时，他一顿可以吃下8个鸡蛋加8个汉堡。这时，他刚满15岁。

遗憾的是，在悉尼奥运会上，菲尔普斯败给了澳大利亚索普等强大游泳选手，在男子200米蝶泳中，仅获得第5名。4年的热血和汗水就这样付诸东流，菲尔普斯很沮丧。回家后，他把自己反锁在房间里，连吃饭也不出门。在鲍曼和黛比母女心急如焚时，《华盛顿邮报》在体育版面上发表了一篇体育评论专家的文章。这位专家舍弃了许多在悉尼奥运会上获得金牌的选手，却对仅获第5名的菲尔普斯情有独钟。因为菲尔普斯是1932年以来美国最年轻的世界级游泳选手。在分析了菲尔普斯的体型和游泳技巧后，他断言4年后的雅典，菲尔普斯将是最耀眼的天才级明星。

　　这篇文章在美国引起了轩然大波，很多没有关注过菲尔普斯的人开始搜集他的资料。巴尔的摩的少女们更是为这个男孩而疯狂。她们狂热地给菲尔普斯写信，甚至亲自跑到他的家门外高呼："我爱你！"从受冷落到倍受热捧，菲尔普斯显得有些手足无措，感到恐惧和惊慌。过去 15 年里，他一直生活在别人的冷眼和嘲笑中——学习成绩很糟糕，连走路都要摔倒，不仅驼背，还有轻度色盲症。现在，这些缺点都变成了优点。

　　鲍曼担心，这无休止的骚扰会毁了菲尔普斯。俱乐部虽然能阻挡大多数媒体记者，却无法阻挡疯狂崇拜菲尔普斯的姑娘们。她们像虔诚的圣徒一样，从四面八方来到了俱乐部，加入业余游泳学习班，想尽办法与菲尔普斯接触。对正处于青春期的男孩来说，年轻漂亮的姑娘是致命的诱惑。一旦被丘比特箭射中，说不定会逐渐在运动中失去自控和耐心。鲍曼决定："必须在爱情没来到菲尔普斯心里前，就将其拒之门外。"

　　鲍曼将打算告诉了黛比。她赞成他的想法，甚至请了两个月假，专门到俱乐部帮鲍曼"看住"那些或许会扰乱儿子心志的姑娘们，将多年的教育经验运用到了"阻截"姑娘们的战术中。鲍曼更像贴身保镖一样接送菲尔普斯。

从悉尼失败的阴影走出后，菲尔普斯对风情万种的女孩们毫无知觉，一心只想在雅典创造辉煌。菲尔普斯不来电，使姑娘们热情渐退。在这场浩大的"战争"中，巴尔的摩水上俱乐部成了最大的赢家。因为菲尔普斯这个强大磁场，他们在秋季这个游泳馆的淡季里收入达50万美元！

全民同爱成就传奇"飞鱼"

悉尼奥运会后，在众多国际知名体育用品商家的支持下，菲尔普斯参加了更多的世界大赛。正如那位专家预测的那样，菲尔普斯一步步稳健地向着世界冠军的方向迈进。

2001年春，距离16岁生日还有3个月的菲尔普斯，打破了200米蝶泳世界纪录。而这只是开始。2003年6月29日，菲尔普斯又创造了新的200米个人混合泳世界纪录。一个月后，在巴塞罗那世界游泳锦标赛上，他一举打破了5项世界纪录。同年8月9日，回到马里兰州，他再次刷新了自己创造的200米个人混合泳纪录。短短41天，菲尔普斯创造了7个世界纪录。

这时，菲尔普斯的身高达1米93，大脚足有14英寸长，高度的柔韧性使他的双脚弯曲角度比普通人大15度，几乎与胫骨平行。这副鹅蹼一样的脚掌简直只有水生动物才具备。他的臂展也已达到2米，这是任何一个普通人无法达到的。更为重要的是，菲尔普斯表现出了惊人的身体恢复速度，使他能够在一天内超强度发挥。

美国国家游泳队的生理学家从菲尔普斯的耳垂取来血样，检查他血液中的乳酸水平。乳酸是氧气匮乏的标志，而氧气匮乏将会导致肌肉劳损。检查结果令人惊叹，菲尔普斯血液中的乳酸水平为5.0，一般运动员通常是在10-15之间。这表明，他能在短短的20-25分钟内恢复体能。这种能力，即便"天才索普"也遥遥不及。但在陆地体能测验中，他的得分是全部接受测试的精英游泳运动员中最差的一个。菲尔普斯为水而生！

不管是否是天才，菲尔普斯都只是个孩子。在泳池里，他

讨厌任何人打断他的训练。一旦离开泳池，他常常会表现出与
年龄不相符的好笑和幼稚。他会为了与姐姐争电视频道赌气不
吃饭，还会因为不满意赞助商提供的泳衣样式大发雷霆。甚至，
他会像一个幼儿园的小孩一样，向队友炫耀说他母亲是教育官
员，引来别人哄堂大笑。

　　菲尔普斯在世界泳坛越来越有名气，压力也与日俱增。媒
体不时前来采访他，一些崇拜者更是对他展开围追堵截。这严
重干扰了菲尔普斯的正常训练。鲍曼和黛比商量后，在报纸上
发起了"请大家来做菲尔普斯监护人"的活动。他们在发起信
中说："你可能会认为，这种过度的监护是任何一个普通家庭都
难以认同的，可是它的存在完全有它的合理性。因为，我们要
全力保护的不是一个普通的孩子，他是一个游泳天才，他的使
命不仅仅是一次次地走上冠军的领奖台，而是要证明人类在泳
池中的最高能力。如果这个天才因为驾车受了伤，或是只因为
一杯对手放进违禁药品的饮料而失去了比赛资格，受伤的不仅
是他和我们，更是人类的悲剧……所以，请爱护他，给他自由
的空间，让他为我们创造奇迹！"

　　鲍曼和黛比的发起信，赢得了美国民众的广泛响应。他们亲切地称呼菲尔普斯"飞鱼"，相约共同爱护这条会飞的鱼。那些以前狂热追求过菲尔普斯的姑娘们，拟订了帮助他排除干扰的计划书，以签名来表示自己不干扰偶像的决心；菲尔普斯作为代言人的商家，也自动减少了菲尔普斯的商业活动；几家大型广告公司甚至在宁愿遭受损失的情况下，推迟菲尔普斯的广告计划。一场轰轰烈烈的"做菲尔普斯监护人"的活动在全美展开了，每个人都在为这个天才少年忙碌着。

　　鲍曼和黛比发起的这次"请大家来做菲尔普斯监护人"活动，在美国掀起的巨大凡响，最初谁也没有想到，这正说明了人们是多么喜欢孩子一般的菲尔普斯。在公众呵护下，菲尔普斯更加刻苦地进行游泳训练。他不能忘记自己初入泳池时大喊的"我是世界冠军"那句话，他要告诉轻视他的人："菲尔普斯从来不说假话，不信你就看我对自己宣言的印证。"

　　2004 年 8 月，雅典奥运会在菲尔普斯等待了 4 年之后，在希腊隆重开幕。在雅典的泳池里，他没有让那些关心他呵护他的亿万美国民众失望，他一举夺得了 6 枚金牌 1 枚银牌 1 枚铜牌。他成了奥运会历史上第二个在一届奥运会中夺得 8 块奖牌的人。这时，菲尔普斯仅有 19 岁！

随后几年里，菲尔普斯并未停下创造辉煌的脚步，他不断刷新自己创造的世界纪录。在 2007 年 3 月澳大利亚墨尔本举行的世界游泳锦标赛上，菲尔普斯摘了 7 金破了 5 项世界纪录。但他对此并不满足，此时菲尔普斯最大的梦想是超越施皮茨，美国游泳名将施皮茨在 1972 年的慕尼黑奥运会中，一人包揽 7 枚奥运金牌。菲尔普斯决定，在 2008 年北京第 29 届夏季奥运会上冲击 8 金。

菲尔普斯的豪言壮语，遭到了"鱼雷"索普等泳坛名将的质疑，因为要拿到 8 枚金牌，不仅要靠他个人的努力，还有来自队友的鼎力协助。但很快，菲尔普斯的出色表现让所有的质疑者傻眼了。在北京奥运会上，他用不断破纪录拿金牌实现了赛前诺言，不仅一举摘得 8 枚金牌，还 7 次打破世界纪录。

菲尔普斯以 8 枚金牌，傲然登上"水立方"之巅，不仅成为北京奥运会摘金最多的运动员，而且还以 14 枚金牌的总数，成为奥运会历史上拥有金牌最多的运动员。面对他创造的神话，人们如此评价这位奥运牛人："只要跳下水，就是奥运冠军；只要触到壁，就是世界纪录。"面对连绵不绝的赞誉，菲尔普斯并没有欣喜若狂，他淡淡地表示："我想我还可以游得更快，我还可以和自己比，和世界纪录比。"

2012 年的伦敦奥运会上，菲尔普斯再度摘下了 4 金 2 银。在又一个 4 年后的 2016 年里约奥运会上，菲尔普斯 31 岁了，人们很为运动高龄的他担忧："他还能再续传奇吗？"菲尔普斯没有让喜欢他的人失望，一举拿下 5 金 1 银，在 5 届奥运会上共收获 23 金 3 银 2 铜。他的这一传奇成绩，史无前例。

有记者问菲尔普斯为什么能够取得如此非凡的成绩，他红着脸讲述了"笨鸟先飞"的故事。菲尔普斯"笨鸟先飞"的故事没错，在他的骄人成绩背后，他付出的汗水比别人多许多。但更重要的是，亲人、教练和关心他的人，以爱之名，让他能够心无旁骛地创造辉煌。

娅菲的反击

　　娅菲是一只 10 岁左右的雌长吻针鼹，生活在位于太平洋西南部的新几内亚岛。新几内亚岛是现今世上第二大岛屿，其西半岛有一座巍峨的大山，海拔 2000 多米，叫福贾山。福贾山山谷一带，是茂密的热带雨林。这片茂密的热带雨林人迹罕至，是各种动物栖息的天堂。沿福贾山舒缓的山势而上，高大的林木渐稀，取而代之的是低矮的灌木丛。娅菲和它的同类们便自信而冷静地活跃在这些低矮的灌木丛里。

　　作为一只长吻针鼹，娅菲有足够使它保持冷静和自信的理由：略微下弯呈管状的长嘴里长着长长的舌头，舌头上沾满的黏液，可以让它爱吃的蚁类无所逃遁；背部布满的坚利长针毛，足以让任何威胁它安全的敌人感到惧怕。在福贾山一带进行科学考察的动物学家沃克·哈姆博士，对长吻针鼹娅菲的跟踪研究中，很为它捕食时的冷静和面对敌害时表现出的自信所折服。

　　一个阳光灿烂的日子，哈姆博士跟踪娅菲攀爬到了福贾山半山腰。在一丛绿意盎然的灌木根部，娅菲停了下来，略微下弯的长嘴里不时吐出沾满黏液的长舌，使劲卷吸着四处乱逃的蚂蚁。吸食这些对林木有危害的蚂蚁，使长吻针鼹娅菲成了林木的保护神。在卷吸灌木丛根部的蚂蚁时，除了不小心碰触灌木发出的声响外，娅菲一直沉默不语。在动物中，长吻针鼹最是安静，除了呼吸发出的声响，再不发出任何其他声响。

　　在哈姆博士专注地观察娅菲时，一阵凶狠的嚎叫突然传入了他的耳朵。距离娅菲 20 米远的空旷地带上，一只体长近 1 米的袋獾正不可一世地向卷食蚂蚁的娅菲靠近。在现今世界上的肉食性有袋类动物中，袋獾是最强大的捕猎者。它的头部又宽又大，大口里长有 42 颗锋利的牙齿。性情凶猛的袋獾向娅菲步步紧逼，而沉浸在美食中的它却全然不知。

　　直到袋獾距离不足 10 米时，娅菲才从卷吸美食中回过神来。发现嚎叫的袋獾后，娅菲展现出了它一贯的冷静，它未因对方强大而陷入惊慌。娅菲慢腾腾地回过头，毫无畏惧地逼视着狂妄的屠杀者袋獾。匍匐在地上，娅菲一动不动，似乎一副任人宰割的样子。细心的哈姆博士注意到，娅菲起初斜垂着的长针毛，此时已一根根地竖立了起来。远远看去，娅菲的长针毛就像一支支随时准备离弦的长箭，而娅菲则像冷酷的箭手。娅菲身上的长针毛，是抵御敌害的最好武器。

袋獾的嚎叫声越发响亮起来。它想用叫声迫使娅菲胆战心惊，从而失去防御能力。袋獾的这一想法没有得逞。直面它的威逼，娅菲不仅没有屈服，反而将长针毛竖得更加有力。冷静地匍匐在地，娅菲不发一言。随着袋獾的一步步逼近，哈姆博士发现，娅菲迅速地转身，将背对着敌人，并把露在外面的头部缩进了长针毛里。在那丛灌木下，哈姆博士只能见到一团黑色上点缀着白点的刺球。看着这个小刺球，脾气暴躁的袋獾变得极为毛躁，尖利的脚爪发疯似的刨动山地，刨得尘土四处飞扬。

经历数分钟的对峙，袋獾终于忍不住了，几步便冲到了娅菲身边。袋獾尖利的脚爪伸向了娅菲，但速度极慢。由此可见，它不是第一次攻击长吻针鼹了。如果袋獾像捕食其他动物那样猛扑向娅菲，它多半会被长吻针鼹身上尖利的长针毛刺伤。娅

　　菲身上的长针毛尖端实在太锋利了，袋獾尽管非常小心，仍旧被刺痛了。被刺痛的袋獾大声地号叫着。而将头部龟缩在长针毛里的娅菲，并没有被近在咫尺的袋獾的叫声所惊吓住。

　　被娅菲的长针毛刺伤后，袋獾并未知难而退。它缩回脚爪，在娅菲身旁慢慢走动，寻找最佳的攻击点。看到这一幕，哈姆博士为娅菲捏了把汗。据他所知，长吻针鼹身上的长针毛并非无敌天下的防御武器。一些狐狸攻击它们时，往往会想办法将其身体翻转，使其四脚朝天。长吻针鼹的背部才有尖利的长针毛，而腹部却非常柔软，面对敌人锋利的爪子和牙齿，便显得无能为力了。袋獾是打算采取这样的战术吗？

　　在哈姆博士担心不已时，他发现娅菲的身体竟然倒退着向袋獾慢慢靠近。对靠近自己的娅菲，袋獾没有莽撞地发起进攻，刚才它已经受尽针毛之苦了。突然，慢慢蠕动的娅菲行动变得非常迅速，眨眼间就逼近了躲避不及的袋獾。娅菲背部的长针毛在它用力之下，有好几根刺入了袋獾的前肢。在娅菲的一刺之下，刚才不可一世的袋獾痛得大叫一声，转身飞也似的跑开了。哈姆博士发现逃跑的袋獾身上上刺着的几根长针毛，就像

几支箭一样。借用身体之力，娅菲聪明地将箭一样的长针毛射
进了凶悍的袋獾身上，使其知难而退。一旦被长吻针鼹的长针
毛射中，想要立即摆脱痛苦非常困难，因为长针毛不仅尖利，
而且长有倒钩。

反攻得手后，娅菲并不贪恋这一时的战绩。在袋獾疼痛着
逃跑时，它也加快速度离开了为它提供美食的灌木丛。在距离
灌木丛 300 米远的地方，娅菲钻进了一个黑黑的洞穴里。这是
娅菲的临时巢穴，是它从几只野兔那里夺得的。娅菲有锋利的
脚爪，使其很善于掘洞，甚至以挖洞见长的穿山甲也不是它的
对手。尽管如此，它却从不为自己挖掘洞穴，它的洞穴要么是
从其他动物那里抢来的，要么是它们废弃不要的。

看着全身而退钻进洞穴的娅菲，哈姆博士感慨万千，在娅
菲和凶猛袋獾的对决中，冷静加上行之有效的反击方式，让它
成了最后的胜利者。生活中，那些在遭遇艰难困苦时产生畏惧
心理而一味选择逃避的人，在此，长吻针鼹亚菲给他们上了很
好的一课。

重启生命

　　三年前，著名时装设计师乔娜·斯科特被检查出患有白血病晚期。面对被俗称为血癌的不治之症，乔娜·斯科特并未放弃生的希望，她像斗士一样勇敢抗争，不仅最终战胜死神演绎了生命奇迹，还创造了一项医学奇迹。

绝症突临，生命陷深渊

　　在英国时装界，现年53的岁乔娜·斯科特享有盛誉。性格刚毅的她，被称为英国时装界的"铁娘子"。和前夫离异后，斯科特拒绝多人示爱，独立担负着抚养女儿塔拉的重任。在生活中，无论遭遇什么不顺，她从不抱怨，总是一如既往地保持愉

快心情。斯科特认为："抱怨只会让人意气消沉，唯有快乐才能
使人进步！"斯科特拥有的积极人生态度，感染了和她交往的
每一个人。当她以更加饱满的激情投入事业时，灾难却突然降
临到了她身上。

斯科特在伦敦成功举行了一场夏季时装新品发布会后，突
然出现了乏力、气短，下身浮肿等症状。斯科特并未注意这些
症状，淡然地以为这不过是筹备时装发布会疲累导致的。但长
期关注母亲健康的已经 18 岁的女儿塔拉，看着一向极注重个
人形象的母亲病恹恹的样子，极不放心。在女儿的一再催促下，
坚信自己无病的斯科特，只得暂时放下手头繁忙的工作，走进
了医院。她慈爱地看着一脸紧张的女儿塔拉，信心满怀地说：
"亲爱的，不要担心，妈妈很健康！"

医生对斯科特进行了详细检查。上帝跟她开了个玩笑，诊
断书上白纸黑字写着——白血病晚期。对身体一向自信的斯科
特，呆呆地看着诊断书，一时不知所措。面对医生的安慰，她
清楚地知道，白血病俗称血癌，是不治之症，自己患了白血病
晚期意味着什么。想到女儿还在诊断室外等着，斯科特强忍住

流泪的冲动，她不想让女儿担心。而此刻，她的女儿塔拉正在诊断室外祈祷："上帝，请保佑我的妈妈平安无事！"

走出诊断室，斯科特面带微笑，对一脸担忧的女儿说："亲爱的，妈妈没事，只是累了而已！"母亲的话，顿时让心无城府的塔拉情不自禁地欢呼雀跃："谢谢上帝保佑！"女儿的喜形于色，让斯科特感到一阵心痛。可是她不敢表现出来。牵着女儿柔嫩的手，一向坚强的她心潮翻滚："上帝，请告诉我，我应该怎么办？"

回到家，斯科特像往常一样走进了厨房，准备做晚饭。看着厨房里熟悉的一切，想到自己或许不久后就不能触摸它们了，斯科特悲从心生，再也控制不住眼泪夺眶而出……

斯科特无声地流着泪，想用泪水冲走一切苦痛。她不敢哭出声来，害怕客厅里的女儿发现自己在哭。正所谓母女连心，女儿塔拉在和母亲回来的路上，发现了隐藏在母亲眼睛深处的忧伤。在客厅里想不明白为什么的塔拉，悄悄地走进了厨房，发现母亲正在哭泣。用双手轻轻地环拥住母亲，塔拉鼻子里一酸，哽咽着问："妈妈，你遇到什么难题了吗？"

　　斯科特没有想到，自己的哭泣会吓坏女儿。声音哽咽地女儿，一下子把她从悲伤中唤醒过来。回过头，看着一脸惊慌的女儿，斯科特紧紧地抱住她。感受着女儿的温暖，斯科特追问自己道："斯科特，你不是一贯坚强吗？怎么能被小小的白血病打倒呢？你想过没有，如果你倒下了，你的女儿怎么办？"一番自我追问，让斯科特感到极为汗颜，觉得有必要把患了白血病的事情告诉女儿塔拉。

　　令斯科特欣慰的是，女儿塔拉在听过她的话后，反而从惊慌中冷静了下来。塔拉一脸关切地看着母亲，轻声说："妈妈，不要害怕，有女儿在，你会没事的！"女儿的话像一股暖流浸润着斯科特的四肢百骸，她感觉身体里涌动了无穷无尽的力量。她目光坚毅地看着女儿塔拉说道："亲爱的，妈妈不会轻易倒下，一定要全力和死神拼搏一番。"

　　此后，斯科特坚定信念，在女儿的鼓励下，和病魔展开了勇敢的搏斗。在与疾病抗争的过程中，她充分展现了被誉为"铁娘子"的性格，绝不屈服。一时间，斯科特的生命散发出了不可想象的斗志。病痛的折磨并没有消磨掉她对生活的那份豁达，斯科特依旧微笑着面对每一天。斯科特的微笑，感染了她周围的每一个人。朋友们都为她的勇敢不屈叫好不绝，女儿塔拉更是拉着她的手称赞："妈妈，你真勇敢。"

斯科特的刚毅，让她在被上帝开过玩笑后，再次得到了眷顾。经过 5 个多月时间的治疗，她的病情得到了控制，血液中的白细胞水平稳定在了一个合理的水平上。医生的检查结果令斯科特无法掩饰内心的狂喜。她紧紧地抱着女儿塔拉，喜极而泣："亲爱的，我们一定会成为最后的胜利者。"回家的路上，看着像一只快乐的鸽子一样的女儿塔拉，斯科特默念道："感谢上帝！"

然而，斯科特的喜悦并未维持多长时间。三个月后，在她继续为事业忙碌时，白血病再次复发并且恶化。斯科特又一次跌落生命的深渊。看着医生严肃的表情，她心怀忐忑："上帝啊，请不要这样戏弄我。我不能死，不能让塔拉没有妈妈。"对女儿的爱，和对生命的忠诚，促使斯科特继续坚定信念。

生命重装　　能否胜死神

接下来的三年时间里，斯科特的白血病先后三次复发，不休不止地缠绕着她，让她沦陷在病痛的折磨中。凭借坚定的信念，她数度从死神手里逃了出来。然而，在毫不退缩的病魔面前，她的生命依旧一天天走向萎缩。看着被病痛折磨得形容枯槁的母亲，女儿塔拉眼含热泪："妈妈，不管怎么样，女儿都会陪伴在你身边！"

女儿塔拉的支持，在给予斯科特无穷力量的同时，也让她心有不甘。她不想就这样被死神征服，不想就这样告别关爱她的人以及赐予她无限满足感的事业。斯科特更加积极地配合医生进行治疗。她再次被推进了手术室，进行自身干细胞移植手术。在此前的 3 年时间里，斯科特数度进行自身干细胞移植手术，但都以失败而告终。这次移植手术是自身干细胞移植的最后一次，医生认为她的身体状况已经不适宜再进行自身干细胞移植手术。

临进手术室前，女儿塔拉握着斯科特的手，轻声说："妈妈，你会战胜白血病的。女儿等着你胜利归来！"斯科特感受着女儿手上传递的力量，用绝不服输的眼睛看了看四周热切观望着她的朋友，勇敢地点了点头。

　　尽管充满了信心，上帝依旧未把好运赐予斯科特，最后一次自身干细胞移植手术以失败告终。医生宣告了手术失败，这使得热爱生命的斯科特犹如掉进了不见底的深渊。医生断言，如果依旧无法找到合适的骨髓移植，她最多只剩下 8 个月的生命。看着病房外一片葱绿的世界，3 年来从未丧失过信心的斯科特，突然觉得很绝望："难道我就这样离开这个世界吗？"短暂的绝望后，她想："斯科特，即便死，你也必须快乐，因为痛苦并不能阻挡死神来临。"这样想过后，斯科特决定好好地度过生命最后的时光。

　　明白余日不多，斯科特开始安排后事。这个世界上，她最放心不下的是女儿塔拉。一天，斯科特很早便醒来了。几天前，她和家庭律师约好今天处理她死后的事宜。因此，她必须保持清醒状态。一段时间以来，病痛的疯狂折磨使她不时陷入思维混乱中。约定和律师见面，斯科特没有让女儿塔拉知道。她知道，以女儿塔拉的聪明才智，肯定会明白她和律师见面意味着什么。斯科特不想让这件事情给女儿塔拉背上沉重的思想包袱，陷入不愉快中。想到女儿塔拉美丽可爱的脸，斯科特情不自禁地笑了，安慰自己道："尽管你不幸患了白血病，但上帝赐给你一个聪慧的女儿，总算待你不薄！"

　　令斯科特没有想到的是，家庭律师并未如约出现。在约定的时间里，她的眼前出现了一张完全陌生的男子的脸。陌生男子身后跟着女儿塔拉。看着斯科特一脸惊异，陌生的男子说："您好，夫人！我是皇家自由医院的马克·劳戴尔医生，希望能够帮到你的忙。"

　　突然出现的劳戴尔医生让斯科特糊涂了："他来干什么？"面对斯科特询问的目光，劳戴尔医生解释道："夫人，上帝赐给了您一个好女儿。您的女儿塔拉找到我，请求我帮助您。"听过劳戴尔医生的话，斯科特心里涌过一阵暖流。原来，最后一次自身干细胞移植手术失败后，她的女儿塔拉从未停止行动，一直在积极四处寻访治疗白血病的专家，以及寻找适合她的骨髓，希望她挣脱死神的束缚。在得知劳戴尔医生是英国最著名的白

血病治疗专家，正在研究一项新的治疗方法后，塔拉想方设法
找到了他。

看着沉浸在女儿行动感动中的斯科特，劳戴尔医生说："白
血病是由于大量白血病细胞无限制增生，并导致正常造血细胞
被严重抑制所致。换句话说，也就是你自身的免疫系统发生严
重问题并无法自我修复才导致的，在医学上，这称为自身免疫
性疾病。""请别浪费时间了，这些我都知道。但合适的骨髓找
不到，自身细胞的移植也完全失败，难道你有办法能凭空变出
合适的骨髓来？"斯科拉不解地打断了劳戴尔医生的话。

温和地看着有些不耐烦的斯科特，劳戴尔医生并未生气。
"对，我有办法能给你重新安上一套免疫系统，这就像为系统出
现问题的电脑重装系统一样。解决问题的钥匙，可能就在您女
儿身上。"劳戴尔说着，将目光转向了身旁的塔拉。

斯科特越发不解。但在劳戴尔医生随后的讲解中，她渐渐
明白过来。众所周知，白血病细胞的发展建立在人体自身免疫
系统被破坏的基础上，如果能使免疫系统重新正常工作，那一
切问题就会迎刃而解。但传统的化疗或者骨髓移植法局限颇多。

为此，劳戴尔医生带着他的医学团队着力于寻找一种更为简单有效的免疫系统重建法。多年研究中，在白血病鼠上进行试验，经过 Lacz 抗原特殊培养的 T 细胞和白细胞植入，其在病鼠体内的杀伤功效发挥要远超早先方法百倍！而对斯科特的治疗，就是先从她的女儿塔拉身上抽取适量的 T 细胞和白细胞的血液混合物，而后在加有大量 Lacz 抗原的培养液中进行培养，最后再植入斯科特身体内激活她的免疫系统。

劳戴尔医生一直在寻求试验人体。恰逢此时，斯科特的女儿塔拉找上了门。看着眼睛里饱含热切的女儿塔拉和劳戴尔医生，斯科特陷入了沉思："如果同意了劳戴尔医生的治疗，自己实际充当的是一个试验体。但这种治疗方法能否帮助我战胜死神吗？"

不屈抗争演绎生之奇迹

斯科特犹豫了。她害怕劳戴尔医生全新的治疗方法失败，从而加速自己的死亡。看着犹豫的母亲，斯科特的女儿塔拉不知道该说什么才好。得知母亲患了白血病后，她就没有轻松过，一直寻找着治愈母亲的方法。劳戴尔医生的全新治疗方法让塔拉心里一喜。但她也知道，这项还未在人体上进行过试验的治疗方法，存在极大风险。

　　思考良久，斯科特的女儿塔拉决定请求母亲接受劳戴尔医生的治疗。如果不接受治疗，母亲只能眼睁睁地等待死亡降临，她不愿意就这样看着母亲被死神夺去生命。塔拉看着母亲，热切地说："妈妈，女儿不想你离开！女儿会和你一起抗击病魔的。"

　　女儿塔拉的话，像锤子一样重重地敲击着斯科特的心。当医生断言她还有最后的 8 个月后，她的心沉陷到了深深的苦痛之中。与女儿塔拉相依为命多年，她不想这样快就和女儿分开。为了不影响女儿的心情，她总是强颜欢笑。看着眼含热泪的女儿，斯科特控制不住涌动的情绪，她紧紧地抱住女儿，哽咽着说："亲爱的，为了你，妈妈不会放弃的。"

　　劳戴尔医生第一时间知道了斯科特同意手术的消息。对于斯科特来说，时间显得如此珍贵。由于病情进入了最末期，她的脏器已经频繁出现了小范围出血的现象，并且不分白天黑夜地伴有严重的骨骼疼痛，人更是瘦得不成样子。所有人都知道，对斯科特进行手术已经迫在眉睫。这是一场生命竞赛，他们必须与死神分秒必争。

很快，塔拉的身体达到了最佳状态。劳戴尔医生通过特殊的抽取机，从塔拉身上抽取了 5700 单位的 T 细胞和白细胞的血液混合物。在长达 3 个多小时的抽取时间里，一向晕血的塔拉始终神态自若。一想到不久后母亲可以战胜病魔，不用再遭受病魔的侵袭，塔拉就激动无比。

劳戴尔医生将从塔拉体内抽取的珍贵的"免疫系统模型"，在加有大量 Lacz 抗原的培养液中进行培养，以激活这些用来粉碎白血病细胞的"终极杀手"。对于所有参与手术的人来说，等待的时间是如此漫长。大家都心怀忐忑，不知道第一次的人体试验会出现什么样的结果。而此时，斯科特反而平静了下来。看着无比紧张的女儿塔拉，她轻声说："妈妈不会有事的。"

斯科特又一次被推进了手术室。看着被缓缓推向手术室的母亲，塔拉不停祈祷："上帝保佑妈妈平安！"手术并不复杂，但必须万般小心，因为病魔的多年侵蚀，斯科特体内的白细胞处于极低水平，很容易受到各种细菌感染。对免疫系统受到破坏的斯科特来说，一旦遭受细菌感染，她的生命极有可能随时终结。植入经过培养的"免疫系统模型"的过程就像输血，劳戴尔医生将一根细细的导管和斯科特的血管连通，让培养液缓缓地流向斯科拉的体内。植入过程有惊无险，仅持续了 30 多分钟。当劳戴尔医生缓缓走出无菌室，才长出了一口气：斯科特女儿塔拉体内的免疫系统已经在斯科特体内存在，并开始缓慢激活了斯科特的免疫系统。但手术并未就此结束，由于斯科拉自身免疫、循环系统尚未完全恢复，想要保持并刺激 T 细胞的活性，劳戴尔医生还同时为她植入了一定的特种蛋白质，这种蛋白质将会像"监工"一样督促 T 细胞努力工作。

　　看着走出手术室的劳戴尔脸上露出的疲惫微笑，在手术室外万分紧张的塔拉长舒了一口气，她知道，手术取得了圆满成功。塔拉紧紧地抱住劳戴尔医生，流着热泪语无伦次："谢谢医生，谢谢……"

　　起初，劳戴尔医生担心斯科特在接受其女儿塔拉体内的免疫系统后会出现排斥反应。但令人惊喜的是，整个医疗小组的全程监控并未发现任何异常。经过几个小时的昏睡，斯科恢复了清醒，其出血和呕吐症状减轻了许多。术后 7 小时，劳戴尔医生再次检测，当初植入斯科拉体内的 5700 万免疫细胞单位此刻其数量已经翻了两倍多，达到了 13700 万单位。这也就是说，塔拉的免疫系统不但已经在母亲体内发挥了作用，还带动了斯科拉自身的免疫系统开始运转。劳戴尔医生正式对外宣布：人类史上首次利用细胞移植医治癌症的手术大获成功！他相信这套操作简单、价格低廉的全新治疗方法，将是彻彻底底的平民化克癌疗法。

　　"铁娘子"斯科特就此挣脱了死神的束缚。手捧医院的化验报告，斯科特忍不住泪流满面。望着一脸欢喜的女儿，她无法克制内心涌动的激情，将女儿久久地拥在怀里，颤抖着声音说："亲爱的，妈妈给了你一次生命，现在你也给了妈妈一次。妈妈谢谢你，是你的勇气拯救了妈妈！"

　　斯科特要完全走出白血病的阴影，还需要很长一段时间。

她在与病魔抗争过程中，展现出来的不屈服精神以及她与女儿塔拉之间绵延的亲情，将陪伴她彻底闯过生命的炼狱。斯科特告诉我们，处身绝境，前往不要绝望，只要信念不倒，就有生的希望。

"伪植物人"重生记

　　那场改变比利时男子罗姆·霍本命运的惨痛车祸过去了整整 23 年，而他被诊断为处于植物人状态也过去了整整 23 年，亲属们无奈做出痛苦决定：对其实施安乐死。多年来守候在儿子身边，坚信儿子一定会醒来的母亲菲纳·尼克斯，无论如何都不忍拔掉他身上的仪器。被她的坚守所感动，比利时列日大学的神经专家史蒂文·洛雷斯教授运用新的植物人检测法对罗姆再度进行检测，发现其大脑和普通人几无区别，只是暂时失去了对身体的控制。而今，在母亲菲纳的鼓励下，幸运拥有第二次生命的罗姆正在完成一部自传。

帅小伙变身植物人

一个周末，比利时首都布鲁塞尔春意盎然。罗姆·霍本驾车行驶在城市街道上，心情荡漾。半个小时后，他要和邦妮在城市公园入口处见面。时年 20 岁的罗姆出生于比利时佐尔德市，是布鲁塞尔自由大学工程系大二的学生。一周前的校际舞会上，他结识了同系一年级女生邦妮，她优美的舞姿，深深打动了他。这是两人的第一次校外约会，同车的还有他顺路搭载的 4 个同学。

"见到邦妮后我要告诉她我有多爱她，我要和她相伴一生！"想到邦妮明媚的笑脸，罗姆难抑激动的心跳，情不自禁加快了车速。然而，在距离城市公园不足 3 公里的弯道处，突然迎面驶来一辆大货车，罗姆来不及避让，"轰"的一声巨响，两车撞到了一起。罗姆眼前一黑，便什么也不知道了。呼啸而至的救护车，随即将他和 4 个同学送到了伊拉斯谟医院。

得知儿子遭遇车祸，罗姆的母亲菲纳·尼克斯心急如焚，和丈夫卡德·霍本一起从佐尔德市迅速赶到了医院。透过急诊监护室的玻璃，望着躺在病床上的儿子，菲纳几度哽咽："上帝，请保佑我的罗姆，让他尽快好起来！"丈夫卡德紧紧地搂着她说："亲爱的，我们的儿子爱运动，身体棒，一定不会有事。"

　　丈夫的宽慰让菲纳少许安心，但看过医生的诊断报告后，她的心再次揪紧了。诊断报告显示：罗姆胸部多处擦伤；右大腿、左手和右手前臂骨折；更致命的是，巨大撞击导致他颅内大量出血。随后，医生告诉他们，伤者的外伤，在施行手术后，都能迅速恢复。但伤者颅内出血量大，大脑严重受损，能否醒来暂时不好判断。

　　听到医生的话，菲纳差点瘫倒在地。卡德连忙扶住妻子说："亲爱的，要相信我们的儿子！"丈夫的话顿时给了菲纳无限信心，她和丈夫一起含泪默默祈祷："罗姆，你一定要醒来，我们不能没有你。"

　　此后，医生给罗姆先后进行了几次开颅手术，最大程度清除了他颅内的瘀血。和罗姆同车的 4 个男孩也陆续康复出院了，只有罗姆始终没有苏醒。菲纳非常焦急，但她始终坚信儿子一定会醒来，为了帮助儿子，她和丈夫每天轮流和儿子"说话"，每过去一天，就用笔将日历上的日期划掉。然而，一个月后，罗姆始终深度昏迷，没有任何苏醒的征兆。

随后，主治医生每隔半年定期用"格拉斯哥昏迷指数"为罗姆检测，结果显示：每次的分值都极低，处于丧失意识状态，只能通过皮质下中枢维持呼吸运动和心跳。根据这些数据，罗姆最终被评定为植物人。

菲纳不相信医生的判断，一再声称医生搞错了。医生很理解她的痛苦，但由于"格拉斯哥昏迷指数"是当时医学界普遍采用的一套神志评估标准，它由英国格拉斯哥大学的两位医生在1974年提出，主要从睁眼、说话、肌肉活动反应这3方面来评估头部受伤者的神经系统状况，已经使用了十余年，很少误判，其权威不言而喻。这样的结果让菲纳痛不欲生，根本无法接受，更无法说服自己：曾经的运动健将儿子，会成为一名植物人。她站在病床，呆望着儿子略显惨白的脸，心像被掏空了。稍后，她俯下身紧握着罗姆的手，泪流满面地喃喃自语："儿子，你能听到妈妈的话吗？妈妈相信你，你不是植物人，你一定会醒来的……"

　　突然，沉浸在呼唤中的罗姆，真切地感到从儿子手上传来了一股热流，她一愣之间，又跑到另一侧握紧了儿子的另一只手，似乎还是同样的感觉。她又惊又喜，情不自禁大叫起来："罗姆有反应了！"听到她的喊声，医生和护士蜂拥而至。然而，医生经过又一次地细致检测后，得出结论：菲纳感觉到的，其实是她因对儿子想念过度，而产生的幻觉。

　　在人们同情、质疑的目光中，菲纳感到很无助，她坚信儿子大脑并未丧失意识活动，却拿不出确切证据说服别人，于是把求助的目光投向了丈夫卡德。作为父亲，卡德和妻子一样，何尝不期望儿子醒来，但在科学的检测面前，他最终不得不承认儿子的确成了植物人。望着一脸殷切的妻子，他默默地走过去，拥住了她。丈夫的沉默让菲纳伤心得哭了，她挣脱了丈夫的怀抱，拉着儿子的手，喃喃地说："罗姆，你醒着对吗？是不是只有你信妈妈说的话？"突然，她惊奇地瞪圆了眼睛，她分明感觉到自己的手在她说这句话前后有微妙的差距，她兴奋地泪流满面，"罗姆，罗姆，你能听到我的话，是不是？罗姆！"

　　听了妻子近乎痴狂的话，卡德难过得掉下了眼泪。此后，菲纳不再管别人怎么想，每天都在床上给儿子"鼓劲"，并坚持给儿子用最好的药治疗。然而，一个严酷的现实摆在了菲纳和丈夫面前：由于罗姆始终处在深度昏迷状态，住院治疗费用昂贵，菲纳和丈夫收入并不高，很难支付漫长无期的费用。这时，很多朋友向菲纳和丈夫建议：放弃治疗，带罗姆回家。但菲纳斩钉截铁地说："罗姆还活着，我绝不放弃治疗。即便乞讨，我也要让他重焕生命活力！"

母爱不绝望

望着连接在罗姆身上的各种仪器，卡德早已经不抱希望了。但他不愿看到妻子被瞬间失去儿子罗姆的痛苦所击倒，便依从了她的意见，想让她有一个缓冲时间，慢慢接受儿子罗姆变成了植物人的现实。

卡德没想到，菲纳这一缓冲的时间竟然长达13年。此后13年间，菲纳让卡德留在布鲁塞尔工作，她自己则在医院里日复一日地守在儿子身边，每天深情地讲述着儿子小时的趣事。
她知道儿子热爱文学，尤其钟爱诗歌。便找来泰戈尔、歌德等
著名诗人的诗歌，不厌其烦地为罗姆朗诵。每天她念到泰戈尔
那句："天空没有翅膀的痕迹，而我已飞过"时，人们知道，菲
纳又会情不自禁地大喊："罗姆又有反应了！"因为 10 多年来，
她每天都说，只要自己紧握儿子的手，朗读这首诗，她都会感
受到儿子传递给她的力量。医护人员习惯了菲纳的喊叫，除了
按照医院规定，定期对罗姆进行的检测，没有人再相信菲纳的
话。因为他们更相信半年一次的"格拉斯哥昏迷指数"检测结
果，那些数据明确显示罗姆 10 多年来的情况没有任何改观。

　　只有菲纳毫不理会，她经常给卡德描述这样的场景：有一
天，罗姆突然从病床上坐起来，看着她说："妈妈，我醒了！"

　　10 多年后，卡德因操劳过度导致心肌梗死突然去世。这
对于菲纳是个致命打击。短短的几天时间，她的满头金发全白
了。从丈夫的葬礼现场回来，看着 10 多年面容一点儿也没变的
儿子，她紧握着他的手，痛哭失声："罗姆，你爸爸已经不在人
世了，难道你还不醒来陪伴妈妈吗？"这一次，她感觉到儿子

手上传递给她的，是一种从未有过的寒意。顷刻间，她泪雨滂沱："罗姆，你在告诉妈妈，爸爸去世了，你和妈妈一样痛苦对不对？"这次感应，让菲纳更坚信儿子存在意识。然而，面对菲纳的说辞，人们更加质疑了，甚至有人认为她先失去了儿子，如今又失去了丈夫，已变得神经质。

　　人们的质疑，并没有让菲纳失去信心。由于丈夫去世，她一个人既要照顾儿子，又要筹措药费，难以为继，她决定向更权威的专家求助。听说布鲁塞尔列日大学医学院的神经学研究世界闻名，菲纳一次又一次地前往该院，述说儿子不是植物人，请他们救救儿子。布鲁塞尔列日大学的神经专家同样采取"格拉斯哥昏迷指数"对罗姆检测后，再次确定罗姆呈现植物人状态。面对最权威的鉴定，菲纳依旧未改变自己的观点，继续不断奔走在各大研究机构。

　　菲纳的执着终于引起了列日大学神经学专家史蒂文·洛雷教授的注意。史蒂文教授认为，菲纳对被认为处于植物人状态的儿子的细微感觉或许是旁人无法体会的，她的一再坚持，肯定事出有因，会不会是"格拉斯哥昏迷指数"这种检测方法有缺陷，导致诊断出现偏差？在研究了很多被这种检测方法确定为植物人，但多年后突然苏醒的案例后，史蒂文教授坚信了自己的判断，他决定将自己手头研究的、更高端的科技检测方法——核磁共振成像专门锁定在植物人检测研究上。

得知这一消息，菲纳非常欣慰，向人们奔走相告。然而，史蒂文教授的结果何时出结果，结果会怎么样？谁都无法预料。此后两年，菲纳一边四处举债给儿子治疗，一边苦苦等待着史蒂文教授的消息。

菲纳实在借不到钱，打算把佐尔德市的房子卖掉，给儿子做继续治疗的费用。得知她的决定，朋友们纷纷反对："菲纳，你醒醒吧！罗姆已经不可能醒过来了，你把房子卖了，自己以后怎么办？"菲纳的父亲发动所有的亲友说服菲纳，要她接受"罗姆的反应只是她的幻觉"这一事实。在亲友们的"围攻"下，菲纳也渐渐开始怀疑起来："难道我感觉到的真是我的幻觉吗？"这种否定让菲纳非常痛苦，这么多年来支撑她的就是儿子不是植物人这一信念啊！一时间，她更苍老了。看到一贯坚信的菲纳终于动摇了，亲友们再次出动，劝她对罗姆实施安乐死。菲纳无论如何也不接受，认为即便儿子罗姆是植物人，也不能让他就这样死去。

当晚，菲纳在儿子的床前，再次握着他的手，流着泪说："罗姆，妈妈快撑不住了，所有人都劝妈妈对你实施安乐死，你说妈妈该怎么办？"

突然，菲纳再次感到了儿子手上的寒意，和 3 年前她对儿子说丈夫去世时的情形一模一样。就在那一瞬间，菲纳此前的怀疑再度烟消云散，她更加坚信罗姆不是植物人，他有意识，有自己的喜怒哀乐。听到母亲要放弃自己的话，他和得知父亲去世的消息一样，痛苦不堪。菲纳再度悲泪喷涌："罗姆，我亲爱的儿子，既然你听懂妈妈的话，为什么还不醒来啊？上帝啊，我该怎么办？"

和以前不同，再度确信儿子有意识并没有给菲纳带来惊喜，而是更深的痛苦。因为一天后她外出归来，刚走到罗姆的病房门口时，就听到例行检查的一个护士在说："你知道吗？杰森医生在手术室乱摸刚来的那个小护士，被清洁工看到了……"另一个则说："你小心点，别让人听到了……""怕什么？这里除了这个死人，哪里有……"见菲纳气冲冲地冲进病房，护士们吓得赶紧走了。

菲纳飞快地赶到床边，抓住了儿子的手，她发现，儿子手上的寒意似乎比前两次更重。感知到儿子如此痛苦，菲纳心如刀绞，此时她才明白，在这个世界上，只有自己把罗姆当作普通人，关心他的情绪和心情，而别人却只是把他当作植物人，甚至不把他当人，在他面前肆意议论别人的隐私，对他毫不尊重。

此后半年，菲纳又数十次感知到了罗姆因为不被尊重带来的痛苦，这让她备受煎熬。

"伪植物人"奇迹重生

在史蒂文教授证实新研究毫无进展后，菲纳终于向布鲁塞尔地方法院提出申请，要求对处于植物人状态的儿子施行安乐死。在比利时，虽然安乐死已经合法化，但依据立法，申请安乐死的人必须身患无法治愈的重病且病人无法忍受病痛折磨。

另外，申请人要书面回答主治医生的几个问题后才有权递交申请。由于罗姆不具备上述条件，菲纳的请求被驳回了。

申请受挫，菲纳认为这是上帝还不想让罗姆去天堂，便暂时放弃了这个念头。此后，她又重新夜以继日地担起了陪护儿子的重任。然而，随着年岁增长，菲纳也身患心脏病等多种疾病，加上罗姆每年需要花费数万欧元治疗费，她感到越来越力不从心。虽然她从不对儿子说这些，但她没法阻止别人在儿子面前议论。她相信她的艰难，儿子心知肚明，因为儿子传递给她的痛苦感越来越明显。加上史蒂文教授的研究一直没有结果，菲纳渐渐绝望了，与其让儿子活得如此痛苦，不如让他死去，她再次萌生了为罗姆申请安乐死的念头。然而，此后的几年，她几次提出申请，都像第一次一样，被以同样的理由驳回。

菲纳第五次向布鲁塞尔地方法院提出申请，并详细讲述了自己 23 年的经历，罗姆的叔叔等亲属也联名申请。3 个月后，法院终于复函：同意对处于植物人状态达 23 年的罗姆施行安乐死，但必须由病人亲属亲自执行。

看着法院的复函，菲纳百感交集，既为罗姆即将远离痛苦而欣慰，又为彻底失去儿子而难受。几天后一个晴朗的早晨，菲纳在亲友的拥簇下，艰难地靠近罗姆，打算取下连接在他身上的生命维持和进食系统。可当她颤抖着手触摸到那些冰凉的仪器连接线，却怎么也使不出力气来，她知道，只要拔掉这些线，罗姆的生命就将永远终结，她哭着说："再给我3天时间，我要和儿子好好待3天。"

一旁的亲友和医护人员听着菲纳的哭喊，无不动容。23年来，菲纳完全失去了自己的生活，每天痴痴地坚守，就是为了罗姆能醒来。如今，让她亲自结束儿子的生命，这是何其残忍的事情。此后3天里，菲纳每天紧握着罗姆的手，向他讲述自己之所以为他选择安乐死的原因。在她的讲述中，菲纳感到罗姆非常平静，似乎在告诉母亲，他理解也同意她的选择。

3天后的清晨，菲纳平静地为罗姆洗漱完毕，打算等太阳照耀到罗姆的病床上时，在温暖的阳光里送他离开。就在她把具体时间通知完最后一个家属时，她的电话突然响了起来，来电者是史蒂文教授，他在电话里一字一句地告诉菲纳，经过多年研究，他的研究小组于前天终于利用核磁共振，成功研究出了检测植物人状态的新方法，请她带罗姆马上前来，他们免费给罗姆做测试。听到这个消息，菲纳简直不敢相信自己的耳朵，她狠狠地咬了自己的手一口，疼啊！这才狂呼起来："罗姆有救了！我儿子要醒过来了！"

第二天，史蒂文教授的研究小组赶到了医院，准备对罗姆进行检测。通过他的介绍，菲纳得知这种新方法是利用此前已有的磁共振成像技术，将人体大脑中的一些原子核的射频信号传到电子计算机上进行处理，重建人体大脑的图像，再对这些图像进行分析，得出其大脑活动情况的结论。由于核磁共振完全不同于传统的 X 线和 CT，能够充分利用人体中遍布全身的氢原子，让其在外加的强磁场内受到射频脉冲的激发，产生核磁共振现象，因此获得的图像异常清晰、分辨率高、对比度好，信息量大，让医生的诊疗更加准确。

介绍完毕后，史蒂文教授等神经专家首先检测了罗姆的听觉感知能力，在他的耳边发出类似"哗哗"的中音，而后，他们又呼唤罗姆的名字。结果，通过计算机图像，专家们发现被评定为植物人 23 年之久的罗姆，脑部做出了不同反应。接着，

他们通过进一步检测最终证实，罗姆的大脑机能和普通人没有
什么区别，他的头脑非常清醒，他只是失去了对身体的控制能
力。这也就是说 23 年来罗姆从来没有丧失过意识活动，他能够
清楚地感知周围发生的一切事情，只是没办法将这种感觉通过
语言行动等表现出来。

史蒂文教授的诊断让菲纳欣喜若狂，她紧紧抱着儿子说：
"妈妈胜利了，你也胜利了。"短暂的惊喜过后，菲纳很快冷静
了下来，虽然靠科学检测证实儿子是清醒的，但儿子真正醒来，
还需要系统治疗。在史蒂文教授的协调下，伊拉斯谟医院神经
科决定免费为罗姆进行系统治疗和康复训练。

半年后，罗姆终于睁开了眼睛，能做一些点头、眨眼等简
单的动作。看到这些，菲纳激动得语无伦次："罗姆，妈妈终于
盼到了这一天。加油，我想听你亲口喊妈妈。"但遗憾的是，除
了右手食指肌肉有微小动作，他的语言和其他动作功能却始终
没有进一步恢复的迹象。

为了让罗姆能够表达，在医生和菲纳为罗姆聘请的护理员
琳达·伍特斯的帮助下，他们和罗姆共同探索了一种新型交流

方法：罗姆坐在特制的电脑前，琳达托着他的手和肘，在键盘前移动，感应罗姆的手部肌肉的反应，将他的手指送到相应的字母处，经过近3年的练习，罗姆终于能在琳达的帮助下，拼写出清晰的语句。

通过电脑，人们了解到了罗姆这23年来的真实感受，同时也印证了此前菲纳的感知：当所有人都认为罗姆是植物人时，"我呐喊了，但根本没有声音……"；当他想和人交流，但发不出声时，他"仅用'挫败感'这个词根本无法表达我的感受"；当母亲感知到他存在意识时，他非常兴奋"我梦想能够过上更好的生活"；当得知母亲打算为他申请安乐死时，他痛苦不堪"我梦见自己要死掉了……"；当被新仪器测定不是植物人时，"这么多年来，我一直期盼有一天奇迹会发生，现在，我获得了重生"；当人们问到他现在的感受时，"感谢母亲，是她的坚信，让我拥有了第二次生命……我永远不会忘记医生判断我被误诊的那一天。我想要读书，与朋友们通过电脑交流"。

然而，这种特殊交流方式，很快遭到了外界的质疑。美国宾夕法尼亚大学生物学教授亚瑟·卡普兰认为："这是另一种占卜法，是操作方向的琳达在表达信息。"面对质疑，罗姆用自己的回答给予了有力回击。首先，史蒂文教授单独在罗姆的房间里给他看了个物件，他很快拼出了正确答案。接着，针对罗姆出车祸前会 4 国语言、而琳达只懂其中两种的事实，人们在他面前用琳达并不懂的德语和希腊语向罗姆提问，结果，他的回答也和答案一致。这表明，罗姆表达的完全是自己的思想，而且说明他的记忆力也没有受损。就在这时，罗姆大概被人们的各种测试激怒了，竟大段大段地揭露起伊拉斯谟医院的"风流逸事"来，吓得医生们赶忙制止了。这些过去护士们在他面前畅谈过的绝对隐私，正是罗姆 23 年始终清醒的铁证。

　　仍在康复中的罗姆决定写一部自传，告诉世人他非比寻常的经历。他最想告诉世人的是，科学家研究的仪器和方法再精良，如果没有母亲，也就没有自己重生的奇迹。对于菲纳是如何感应到儿子的感觉，科学界至今没人能给出一个合理的解释，人们只能说，是伟大的母爱，是母爱的第六感创造了奇迹，挽救了这个 23 年的"伪植物人"。

空中遇险生死表决

　　一架巴西戈尔航空公司经营的 E170 型客机，由巴西西部城市库亚巴起飞前往圣保罗。一个小时后，在万米高空中的飞机发生惊魂一幕——机头的一块挡风玻璃突然炸开，机长大半个身体被巨大的气压吸挂在机舱外。不设法堵住炸开的进风口，舱内气压失衡的飞机随时可能坠毁。而要堵住进风口，就必须丢掉大半个身体在机舱外的机长。如果丢掉机长，等待他的唯有死亡。难以取舍的机组人员，将是否丢下不知生死的机长这个问题交给了飞机上乘客。生死须臾间，乘客们在短暂的犹豫后做出了选择……

空中遇险

巴西戈尔航空公司 G3137 航班载着 62 名乘客和 5 名机组人员，在巨大的轰鸣声中，从巴西库亚巴国际机场跑道上仰头飞向蔚蓝的天空。G3137 航班是一架 E170 型的喷气式飞机，由巴西西部城市库亚巴飞往圣保罗。

当飞机结束爬升状态开始平稳飞行后，乘务长艾利萨琳从座椅上站了起来。她侧头看看紧闭的驾驶舱，脸颊上露出了一丝幸福的微笑。登机前，男友萨德曼斯邀请她共进晚餐，说有重要的事情对她说。萨德曼斯是 G3137 航班的机长，拥有 10 年的飞行经验。满怀期待的艾利萨琳拿起话筒，用甜美的嗓音说："亲爱的各位乘客，欢迎您乘坐戈尔航空所属的G3137 号航班，我们的目的地是美丽的圣保罗。在随后的两个小时里，我们全体机组人员将竭诚为您服务，让您度过一个愉快的旅程！"

听过艾利萨琳洋溢温情的话语，机上所有乘客都感觉心里一暖。随后，艾利萨琳与另外两名叫萨加丽和西里斯曼的空乘人员一起，在机舱里紧张地忙碌着，悉心地为乘客们提供尽可能周全的服务。三位漂亮空乘人员的会心笑容让乘客们感到非常温馨。但机上所有人没想到的是，令人惊魂的意外会从天而降。

G3137航班平稳飞行一个小时后，靠近了巴西中部城市马里利亚附近空域。此时，飞机飞行在一万米高空。在良好的气候条件下，机长萨德曼斯将飞机调到了自动驾驶状态。在嘱咐副驾驶员洛里德小心注意后，感到口渴的他通过内线通讯，呼叫艾利萨琳给他送杯饮料过来。片刻后，萨德曼斯听到了艾利萨琳轻轻敲击驾驶舱门的声音。他急切地站起身，打开了驾驶舱门。接过艾利萨琳手中装着饮料的杯子，萨德曼斯对她挤挤眼睛说："亲爱的，别忘记咱们的约定哦！"

在萨德曼斯火热的目光下，艾利萨琳感到心跳加快，脸颊一阵发烫。她赶紧关上驾驶舱门，回身向机舱走去。刚走出两步，艾利萨琳突然听到"砰"的一声，而后传来了副驾驶员洛里德的惊呼："上帝，萨德曼斯你怎么了？"

洛里德的惊呼，顿时让艾利萨琳心里一紧。她赶紧回转身，

迅速地打开驾驶舱门。驾驶舱里出现的一幕，让艾利萨琳瞬间
呆住了。驾驶舱右侧的挡风玻璃炸开了一个大口子，萨德曼斯
的大半个身体被巨大的气压吸到了驾驶舱外。幸好他一只脚死
死地勾在一把椅子上，人才没有被完全吸出去。艾利萨琳发现，
萨德曼斯勾在椅子上的那只脚颤抖得非常厉害，似乎随时都可
能力有不殆。不及多想究竟是怎么回事，她冲过去用力抱住了
萨德曼斯留在驾驶舱内的小半个身体。艾利萨琳大声呼喊："亲
爱的，你一定不会有事！"

　　身高 1.9 米的萨德曼斯体重达 200 斤，艾利萨琳抱得非常
吃力。发现副驾驶员洛里德呆呆地看着，她说："洛里德，快来
帮忙，我们一起把萨德曼斯拉进来。"如梦初醒的洛里德赶紧走
过来，和艾利萨琳一起紧紧地抱住萨德曼斯还留在驾驶舱里的
双脚。

　　但事情显然不像他们想的那般容易。萨德曼斯的上半身被
吸出驾驶舱后，本来促使他张开双手想要抓住可以借力的地方，
然而光滑的机头没有任何能够让他双手可以借力的地方。艾利
萨琳和洛里德用力将萨德曼斯的身体往驾驶舱里拉的时候，萨

德曼斯张开的双手刚好卡在炸开的挡风玻璃外面，让他们不敢用力过度。

"萨德曼斯，你把双手缩回来好吗？"艾利萨琳大声对上半身挂在挡风玻璃外面的萨德曼斯说。然而，万米高空冰冷刺骨的寒风和发动机发出的巨大轰鸣声已让萨德曼斯双耳听觉麻木，根本听不到艾利萨琳说的话。

萨德曼斯颤抖得厉害的双脚让艾利萨琳知道，他正在经历前所未有的痛苦。紧紧抱着萨德曼斯留在驾驶舱内的身体，艾利萨琳心痛无比，双唇被自己的牙齿咬出了一圈血痕。她湿润的双眼死死地看着萨德曼斯，在心里不停地祈祷："上帝啊，请保佑我的萨德曼斯平安无事，请保佑我们所有人平安无事。"

但上帝并未听见艾利萨琳的祈祷。她和洛里德还未将萨德曼斯的身体拉回驾驶舱，凶猛灌进机舱内的狂风，便使得气压失去平衡的机舱里的几个警报器不停地响起来。听着刺耳的警报声，艾利萨琳感到机身发出了一阵剧烈的颤动。听闻过多起坠机事件的她，脑子里瞬间钻进了"机毁人亡"几个令人心惊肉跳的字。

生死表决

刺耳的警报声和机身的剧烈颤抖让机舱里的 60 多名乘客惊慌失措，乱成了一团。"上帝，发生了什么事情？""难道飞机要坠毁了吗？"听着机舱里的叫嚷声，不明就里的萨加丽和西里斯曼一边劝解乘客不要紧张，一边走向驾驶舱。

飞机在短暂的剧烈颤抖后又恢复了稳定。尽管刺耳的警报声依旧不停地响着，但机舱里的乘客都从慌乱中安静了下来。这时，有多年随机经验的艾利萨琳感觉飞机正快速地朝下降落。她对洛里德说："洛里德，你去驾驶飞机，我一个人抓住萨德曼斯就可以了。愿上帝保佑我们！"

洛里德回到了驾驶位置上，拼力将飞机又拉升了起来。但危险并未就此结束。由于挡风玻璃炸开了一个大洞，高空中刺骨的冷风正疯狂地往机舱里灌。更要命的是，洛里德拼命地呼叫空管中心以寻求帮助。然而，飞机已和空管中心失去了联系，如果不及时阻住炸开的大洞，气压失衡的机舱内的氧气最多只能供乘客维持呼吸 30 分钟。但这时，G3137 距离目的圣保罗还有一个多小时的飞行距离。显然，飞机上的氧气无法保证让乘客们安全降落到圣保罗机场。如果没有足够的氧气，飞机上的所有人都会因为缺氧而陷入昏迷，直至最终窒息而亡。

想着可能出现的情况，艾利萨琳知道，必须尽快将萨德曼斯挡风玻璃外的身体拉回驾驶舱，再想办法阻住那个炸开的洞口。但光依靠她一个人的力量显然不可能将体重200多斤的萨德曼斯拉回来。而情况很不稳定的飞机，需要洛里德随时保持警惕进行驾驶，不能过来给艾利萨琳搭手帮忙。

艾利萨琳正不知所措时，驾驶舱门被推开了。看到走进来的萨加丽和西里斯曼，艾利萨琳心里一喜说道："萨加丽，西里斯曼，快过来帮我抓住萨德曼斯。"听到艾利萨琳的说话声，萨加丽和西里斯曼被眼前的一幕震惊了。她们无论如何也没有想到，在驾驶舱里发生了如此震撼心魄的事故。

萨加丽和西里斯曼赶紧冲到艾利萨琳的身旁，和她一起拽住了萨德曼斯的双脚。抓住萨德曼斯的三人想尽了办法，依旧无法将他的身体拉回驾驶舱来。在艾利萨琳三人努力想拉回萨德曼斯的身体时，洛里德不断地和空管中心联系。通讯器里传来的除了吱吱的电流声，再无别的声音。

　　这时，距离挡风玻璃炸开已经过去了好几分钟。如果炸开的洞口不能及时堵住，机组人员只有想办法在机舱里的氧气耗尽前紧急迫降。联系不上空管中心，便找不到迫降的机场。那么选择迫降的话，只能降落在荒郊野外。降落在没有跑道的野外，对于一架近乎满载的客机来说安全降落的可能性几乎为零。那么摆在机组人员面前的只有一个办法：堵住炸开的洞口。

　　可是，萨德曼斯的大半个身体还在机舱外，根本没有办法堵住炸开的玻璃洞口。在机组人员不知所措时，机身再次剧烈颤抖起来。情况越来越危机，留给他们的时间已经不多了。艾利萨琳看着趴在机舱外零下 20℃的空气中的萨德曼斯，心里像有一把刀子在飞快地搅割一般，痛得要命。她回头看看机舱方向，想起那里还有 62 个鲜活的生命。刹那间，艾利萨琳做出了选择："亲爱的，原谅我，我舍不得你，但我不能拿机上 60 多个旅客的生命开玩笑。如果你知道了我的决定，相信你会原谅我的。"

　　艾利萨琳将心中的决定告诉给了另外三人。她的话音刚落，三人异口同声地进行否决："我们不能就这样丢掉机长！""如果不丢掉萨德曼斯，你们还有别的办法解决航班面临的困境吗？"说话的艾利萨琳，再也控制不住四溢的眼泪。"我比你们谁都希望奇迹发生！但是奇迹现在并没有发生，而我们不能再这样等下去。现在，我们把是否丢掉萨德曼斯的决定权交给机舱里的乘客吧！由他们来表决萨德曼斯的生死。如果乘客们让我们丢掉萨德曼斯，那么我们只能选择丢掉。"

对飞机在空中遭遇紧急事故的情况，巴西航空管理局做出了相关规定：机组人员有义务牺牲一切来确保乘客的安全，除非乘客不要他们这样做。因此，作为乘务长的艾利萨琳，在是否丢掉萨德曼斯的问题，决定问问机舱里的乘客。在说出巴西航空管理局的规定后，另外三人再也无法反对艾利萨琳的这个决定。但他们谁都不愿意出面将这个表决的权利摆到乘客面前。

他们都知道，和机长并无多少交集的乘客，在关乎自己生死的表决上，结果差不多毫无悬念。但表决的结果真的会毫无悬念吗？

惊魂拯救

看着沉默的另外三人，艾利萨琳对萨加丽和西里斯曼说："抓紧他！"而后，她擦干脸颊上的泪水，推开驾驶舱门，走到了乘客前面。艾利萨琳强忍心中的悲痛，稳定了一下情绪，镇定地说道："各位乘客，航班现在遭遇了一点小麻烦，驾驶舱的挡风玻璃突然炸开了一个洞，我们的机长萨德曼斯被意外吸挂在机舱外，现在生死不明。是否丢下被吸挂在机舱外的机长，事关我们的生死。现在，我请大家认真考虑一下，稍后表决。赞同丢掉机长的人请举手，举手的人超过半数，我们就将丢下机长。当然，被丢掉的机长将失去生命。"

原本闹嚷嚷的机舱瞬间安静了下来，静得所有人的呼吸都听得非常清晰。看着眼前的 62 名乘客，心怀忐忑的艾利萨琳不停地祈祷："上帝啊，请给我的萨德曼斯活着的希望吧！我爱他，我离不开他。亲爱的萨德曼斯，请原谅我，我把你的生死表决权交给了和你陌生的乘客们。如果你还清醒着，相信也会赞同我的决定。"

时间在艾利萨琳的焦急等待中流逝。良久，她的视野中有人迅速而果断地举起了手。随后，1只，2只，5只，15只……艾利萨琳艰难地伸出手，竭力控制心中的悲伤，不让眼泪流下来，一个个地清点举起的手。艾利萨琳一边清点举起的手，一边在心中说："亲爱的，对不起！"

尽管艾利萨琳很不愿意清点那些举起的手，很不愿意举起的手超过31只，但事情并未按照她的意愿发展。即便不愿意承认，她还是在机舱里清点出了38只举起的手。艾利萨琳强挤出一丝微笑说："好了，我现在知道各位乘客的决定了。我们机组人员会按照各位举手表决的结果做出选择，将机长萨德曼斯的身体丢出驾驶舱。"

说完这句话，艾利萨琳感觉自己似乎用完了全身的力气。她艰难地转过身，准备回到驾驶舱，将大半个身体挂在挡风玻璃外的萨德曼斯丢掉。艾利萨琳真想机舱到驾驶舱的距离无比漫长，让她一辈子也无法走完，这样她就不用亲手将自己的爱人丢到飞机外面。但她知道，这样的想法无疑是痴心妄想，永远也不可能达成。艾利萨琳沉重的脚步快要走到驾驶舱门时，身后突然传来了一个声音："小姐，请等一等好吗？"

艾利萨琳慢慢地回转身，出现在她眼前的依旧是那举起的38只手。看着密密麻麻在眼前晃动的手，她嗓音低沉地问："请问有什么事吗？"艾利萨琳话音刚落，一只举着的手倏然放了下去。紧接着，在艾利萨琳惊奇的目光里，又一只手放了下去，随后是第三只，第四只，第五只……

不到10秒钟，原本密密麻麻举在艾利萨琳眼前的手，全部放了下去。机舱里，举起的手变成了零。靠近艾利萨琳的一位老人说："美丽的小姐，我们知道机组人员在乎我们这些乘客的安危就够了，但我们无权剥夺机长的生命。"听过老人的话，心潮涌动的艾利萨琳再也忍不住，眼泪迅速地流出眼眶，顺着脸颊流进了嘴里。这眼泪的味道，她感觉甜甜的。望着眼前的62位乘客，艾利萨琳哽咽着说："谢谢你们！"说完，她弯下了腰。

艾利萨琳回到驾驶舱，流着泪把乘客的表决结果告诉了另外3人。就在几人为萨德曼斯幸运时，通讯器里突然传来了空管中心的问话："G3137，你们发生了什么事情？请回答。"副驾驶员洛里德赶紧将飞机面临的危机告诉了空管中心。几分钟后，在空管中心的指挥和引领下，G3137 航班成功降落在了 30 公里外的马里利亚机场。

机长萨德曼斯被赶来的救护车紧急送到了医院抢救。令人不可思议的是，受到巨大撞击和在高空极寒中被冰冻了近 20 分钟的他，竟然被救活了过来。看着睁开眼睛的萨德曼斯，一颗心被揪紧了的艾利萨琳说："亲爱的，你终于醒了。原谅我在飞机上把你的生死交给了乘客们！"萨德曼斯伸出手，握紧艾利萨琳颤抖的手深情地说："亲爱的，那是你的职责，你没有做错。只是遗憾的是，我们的约定得推迟了。我原本打算晚餐后向你求婚的。""你现在也可以求婚啊！我这辈子都不会离开你。"艾利萨琳依偎在萨德曼斯的怀里说。

随后的事故调查表明，这次的事故是由于飞机挡风玻璃遭受了意外撞击所致。让人庆幸的是，幸好当时没有丢掉机长萨德曼斯，他一旦被丢下，百分百会被卷入机翼上转动的引擎里，结果只能是机毁人亡。获悉调查结果，参与表决的乘客都很兴奋，一念善意救了机长萨德曼斯，也救了自己。

永不言败的"紫色飞行者"

在由美国娱乐与体育节目电视网主办的年度卓越体育表现奖中，美国短跑名将盖尔·德弗斯当选为最佳田径女运动员。据信，她是目前世界上获得冠军头衔最多的田坛巨星之一，是享誉世界的"女飞人"。德弗斯所创造的田径奇迹令人惊叹，但让人难以想象的是，她曾经挣扎在死亡边缘、险些被锯掉双腿……

爱与疾病同行

汉城奥运会即将举办，21 岁的德弗斯进行着艰苦卓绝的训练，以期在奥运会上创造辉煌成绩。在自信满怀时，她发现腿部皮肤有几处溃烂。德弗斯以为这只是汗水浸泡的作用。由于不想耽误太多训练时间，她便让队医简单处理了一下。几天后，溃烂不仅没有痊愈，反而加重了。

在男友罗恩·罗伯茨催促下，德弗斯驱车到医院进行了全面检查。现实很残酷。医生面色沉重地告诉德弗斯："你患的是甲状腺功能亢进症。"德弗斯并没有意识到"甲状腺功能亢进症"会对她的身体带来何种不良影响。随后，医生告诉德弗斯，甲状腺功能亢进症很难治疗，它是一种严重影响身体健康的慢性病。

尽管处于春天的美国暖阳高照，德弗斯的身体依旧由里及外地觉得冷，心倏然从天堂掉到了地狱。德弗斯感到一阵头晕目眩，她希望医生说的话不是真实的，然而诊断书上写得非常明白。医生建议德弗斯结束运动生涯，因为体力付出过大的运动会迅速加重她的病情，甚至可能使她失去双腿。医生的建议，对一个渴望拿世界冠军的运动员来说无疑造成了致命打击。德弗斯步履沉重地走出了医生办公室。

看见守候在外的罗伯茨，德弗斯再也忍不住悲伤，紧紧抱着他泣不成声："亲爱的，我患了甲状腺功能亢进症，医生要我结束运动生涯。我的冠军梦破灭了……"日常训练无论遭遇多大困难都不曾喊一声苦的德弗斯，以为自己一切都完了。

　　1966 年 11 月，德弗斯出生在西雅图。尽管个子不高，但爆发力极好的她，从小就在短跑上展现了惊人天赋。德弗斯有着辉煌的冠军梦，她渴望站在高高的世界冠军颁奖台上。由于美国短跑名将极多，她一直缺少参加世界大赛的机会。德弗斯没有因此失望，她努力着，她期冀着。韩国的汉城奥运会给她带来了冲击世界冠军的机会。可是，医生的建议相当严肃，尽管舍不得运动生涯，德弗斯不得不将其放在心上。

　　得知德弗斯的病情后，罗伯茨坚决地阻止了她还有几分想继续征战汉城奥运会的心理。看着德弗斯悲痛不已的表情，罗伯茨温柔地说："亲爱的，我们的新生活才刚刚开始，怎么可能完了呢？"

　　罗伯茨的话，久久地回荡在德弗斯耳边。德弗斯陷入了沉思："是的，怎么可能一切都完了呢？新生活才刚刚开始！不管能不能继续回到田径赛场，我都不能选择放弃对生活的信心。我要勇敢些，和病魔进行一场顽强的战斗。"

　　疾病如下山猛虎一样，对德弗斯展开疯狂进攻。面对毫不留情的疾病，德弗斯没有退缩。她听从医生安排，放弃了汉城奥运会，暂时停止一切体育训练。

为了抵抗病魔对身体的侵袭，德弗斯必须进行放射性治疗。放射性治疗过程中，她不仅要忍受身体上的痛苦，还要忍受个人形象的改变：美丽的头发和修长的指甲都开始脱落。

治疗过程中出现的副作用，对一个年轻女孩来说是可怕的。德弗斯一向喜欢漂亮，头发、指甲的脱落，使她羞于出去见人。因为长时间关在屋子里，德弗斯渐渐烦躁不安起来。烦躁让她的脾气越来越坏，她总是忍不住对罗伯茨大声呵斥。面对德弗斯的坏脾气，罗伯茨并不在意，而是耐心劝解开导她："只有心境平和，你才能迅速康复。"德弗斯尽力克制着暴躁情绪，听从了罗伯茨的建议，努力做到心平气和。

然而，这种好心情总是不能长久维持。尽管积极配合医生治疗，但是病情并没有像德弗斯希望那样迅速好转。一天，看着正在忙碌的罗伯茨，德弗斯忍不住大声吼叫起来："你走，不要再理我了！"罗伯茨抬头定定地看着她，而后转身走了出去。看着走出房间的罗伯茨，德弗斯后悔极了，以为他就这样离开不再理她了呢。如果没有罗伯茨的每日相伴，我的生活岂不更加孤寂了……正在胡思乱想的时候，罗伯茨又出现在了门口。

　　看着罗伯茨，正打算道歉的德弗斯呆住了。她看见罗伯茨手里捧着一大把玫瑰。玫瑰艳丽的红色让德弗斯的眼睛燃烧起来。捧着玫瑰，罗伯茨走到德弗斯面前，深情地望着她说："嫁给我吧，我们一起创造新生活！"在罗伯茨能够让寒冰融化的目光里，德弗斯的心醉了。她脸颊绯红地点了点头。

　　德弗斯和罗伯茨把婚礼定在了夏天汉城奥运会期间，他们蜜月旅行的地点就是汉城奥运会的田径场馆。在汉城奥运会上，看着曾和自己一同训练的运动员在跑道上叱咤风云，德弗斯心痒难抑，她真希望此时在跑道上飞奔的是自己。一场场赛事不断观看，德弗斯有些疲劳，但她的心中越发自信："只要我不向病魔屈服，我就一定能够再次回到田径赛场上。"

生命中没有"放弃"

　　汉城奥运会结束了，德弗斯和罗伯茨蜜月旅行也结束了。

其他运动员在赛场上不畏一切拼搏的情景，深深震撼了德弗斯：
"我一定要创造属于自己的辉煌。"罗伯茨知道德弗斯的冠军梦，
他把蜜月旅行设计在汉城也源于此目的。

　　罗伯茨的苦心没有浪费，德弗斯深情地对他目光坚毅地说：
"我能行的，我的生命中没有'放弃'二字。"

　　从汉城回到美国后，德弗斯再次到医院去检查病情进展。
一番检查后，医生威严的眼光盯着德弗斯："你怎么不听我的
话，最近又参加剧烈体育运动了吗？本来已经好转的病情又恶
化了。"德弗斯把和罗伯茨一起去汉城看奥运会的事情告诉了医
生。医生沉思半晌说："甲状腺功能亢进症已经危急到了你腿部
的正常代谢。我建议你锯掉双腿，否则病情会更加严重。"德弗
斯毫不犹豫地拒绝了医生的建议，她想："如果我锯掉了双腿，
重新回到赛场上等于痴人说梦。"德弗斯听取了医生的其他治疗
方案。随后，德弗斯把心全部放到了治疗上，暂时将那寄托她
很多梦想的田径埋藏在记忆里。

　　由于德弗斯拥有积极的治疗心态，她的病情出现了惊人的
好转。首先是她一直不断溃烂的双腿不再溃烂了，尽管偶尔还

有掉皮现象，但这已经无伤大雅了，其次是她放射性治疗过程中显得无力的双腿渐渐恢复了力量，再就是放射性治疗中一直脱落的指甲也不在脱落了。这一切迹象，让德弗斯内心里埋藏已久的冠军梦醒转过来。

在与医生商量后，德弗斯在丈夫罗伯茨的鼓励下重新回到了训练场上。尽管病情好转，但是她的身体只要加大运动幅度，就很疼痛。而且每天训练时，她原先溃烂过的双腿都会在汗水的浸泡下掉皮，表皮里的嫩肉在汗水浸泡下，痛彻心骨。德弗斯咬紧牙关忍受着。她没有喊出来，她不想一直陪伴在训练场边的丈夫担心。为了让妻子恢复到以前的自信，罗伯茨专门来到训练场上为她加油鼓劲。

德弗斯每每在训练场上苦不堪言的情景，罗伯茨都看在眼里。他也很心疼，但是他没有阻拦她的训练计划。因为他很清楚妻子内心里的世界冠军梦有多重。罗伯茨觉得自己唯一能够做的就是好好照顾妻子。为了使德弗斯的身体尽快恢复，罗伯茨还细心地为德弗斯制定了周详的饮食计划和训练计划。他要让病情还没有完全康复的妻子获得最佳营养。

在德弗斯磕磕绊绊的训练下，良好的心理使她的状态恢复得比较快。汉城奥运会第二年秋天，德弗斯再次到医院复查。医生在认真检查后不停说："奇迹，简直是奇迹。"医生的惊叹，让德弗斯知道，她在抗击病魔的道路上，已经迈出了坚实一步，接下来只要她继续坚持，成功离她就不远了。

德弗斯紧紧抱着罗伯茨说："我们一定会成功的。"罗伯茨开心地点头了，仿佛看到妻子站在高高的领奖台上一般。

这个时候，德弗斯以前脱落了的指甲重新长了出来。指甲长出来后，德弗斯舍不得剪掉，她决定留下指甲。她想："如果在接下来三年时间里，我的指甲没有脱落，就表明我的身体健康。"三年后，德弗斯才会决定修剪指甲，而后耐心等待下一个三年到来。这些来之不易的指甲，让德弗斯特别珍惜，她将它们染成了炫目的红色。这些红色的指甲，在德弗斯的指间就像一簇簇跳动的火焰，它昭示着她旺盛顽强的生命力。人们都以为德弗斯留指甲是为了美丽，但没有想到她的指甲其实是她健康的晴雨表。

随着训练时间推移，感觉个人身体状况好转的德弗斯逐渐加大了训练强度。但由于身体并没有完全恢复正常，一次训练时，有些心急的德弗斯忍不住再次加大了运动量，她往返冲刺100米连续不下6次。结果在第七次冲刺的时候，德弗斯的双腿像灌铅一样，突然感到非常承重，几乎抬不起来。德弗斯心里一紧，脑袋一阵晕眩，脚下一虚，就向跑道摔了下去。

德弗斯这一下摔得不轻。由于跑道上有些小沙砾，德弗斯的脸颊在上面被弄出了一股股血痕，疼痛异常。尽管如此，她并没有选择退却，她拒绝了别人的搀扶，自行爬起来，坐下休息一会儿，又开始了不顾一切地训练。

坚强的毅力和科学的训练方法，使德弗斯的短跑水平恢复得很快。德弗斯的队友们看到她拼命的样子，都被她不屈不挠的精神所感动。

不知不觉中，汉城奥运会已经过去了三年，而德弗斯患病也将近三年。此际，第三届田径世锦赛在日本东京拉开帷幕。在国内的淘汰赛上，德弗斯战胜队友，最后出现在了东京赛场上。在这次世锦赛上，人们看见了跑道上燃烧的一簇火焰，超过了其他不少运动。德弗斯从沉寂中爆发了出来，一举夺得女子 100 米栏亚军。尽管没有夺得更加令人注目的冠军，但想着初战告捷的德弗斯，还是非常兴奋。这场并不完美的胜利表明了一点，尽管她患过病，甚至还被医生建议锯掉双腿，耽误了训练时间，但并没有离开跑道太远。

走下领奖台，德弗斯把闪闪的银牌挂在了陪同她到日本参加比赛的丈夫罗伯茨脖子上说："我一定会取得更大胜利的。"

永不言败的"紫色飞行者"

在日本东京举行的第三届田径世锦赛后，人们记住了指甲被染成炫目红色的德弗斯。有记者采访她，问她为何把指甲留这样长。德弗斯脸色平静地说："我留这样长的指甲，是为检测身体是否健康！"看着一脸费解的记者，德弗斯停了一下说："红色长指甲代表我对生命的热爱，是我跨越苦难的纪念，是我生命的'标识'！"

这种生命的"标识"，引领德弗斯在成功的道路上越跑越让人吃惊。在随之而来的巴塞罗那奥运会上，德弗斯又在 100 米跑中展现了她美丽生动的奔跑身影。正如她对自己的期望一样，她在 100 米跑中获得了奥运会冠军。这场非同一般的胜出，使德弗斯赢得了"女飞人"的美誉，世界媒体认为她是当今世界上"跑得最快的女人"。同时，体育迷们也通过媒体得悉了"女飞人"背后的传奇人生。德弗斯长长的红指甲吸引了更多好奇的人们，人们都把她叫作"紫色飞行者"。

巴塞罗那奥运会是德弗斯战胜疾病取得辉煌的开始，但她也留下了遗憾。在 100 米栏比赛中，德弗斯率先冲出了起跑线，并且一路领先。所有关注着她的体育迷们都相信，100 米栏的冠军非"紫色飞行者"莫属。可是，意外竟然在她跨越最后一个栏时发生了——德弗斯跌倒在地上。尽管德弗斯迅速爬起来继续冲刺，最终也只获得了第五名。人们在德弗斯摔倒的那一刻都叹息起来。但是摔倒了德弗斯并没有放弃比赛，她爬起来的继续冲刺，让人们心甘情愿地把掌声送给了这位不屈病魔的女强者。

摔倒了就站起来，这是德弗斯的一贯风格。因此，她才最终超越了疾病。德弗斯不相信失败，她还要对 100 米栏发起冲击。在随后进行的斯图加特世锦赛上，德弗斯取得了女子 100 米和 100 米栏冠军，而后又取得了女子 100 米栏世界冠军。在亚特兰大奥运会到来的时候，体育迷们都相信，女子 100 米栏的冠军非德弗斯莫属了。可是德弗斯却以百分之一秒的劣势与 100 米栏的奖牌无缘，只获得了 100 米和 4×100 米接力冠军。

带着并没有痊愈的病体，德弗斯以坚忍不拔的毅力获得了无数世界冠军。可是令人们感到费解的是，正如甲状腺功能亢进症始终潜伏在德弗斯身体里一样，100 米栏似乎成了她心头的一块阴影，她先后在数次比赛中出现了不可思议的意外。亚特兰大奥运会后，不相信失败的德弗斯开始主攻 100 米栏。尽管花费了巨大的心血，这位战胜疾病的田坛巨星，这位目前世界田径史上拥有最多金牌的女子短跑健将，依旧屡屡在奥运会 100 米栏上铩羽而归：悉尼奥运会上，她在半决赛中拉伤腿部肌肉，在跨过 5 个栏后不得不退出比赛；雅典奥运会上，德弗斯再次不幸地摔倒在 100 米栏下。

雅典奥运会时，德弗斯已经 38 岁了，这是她参加的最后一届奥运会。在此前一年的世界田径大赛上，德弗斯以不可阻挡的优势获得了100米栏冠军，人们都相信雅典一定也属于她。不幸再次降临到了这位38岁的老将身上。雅典奥运会比赛进行时，多年没有复发的甲状腺功能亢进症再次缠上了她。比赛前夕，德弗斯出现了头昏、眼花、气喘等现象。对自身病情很清楚的德弗斯，没有选择放弃，她以顽强的毅力参加了比赛。然而，上天没有再次垂幸这位命运的强者，她又一次摔倒在了100米栏下。那些一心支持德弗斯的体育迷看着摔倒了的德弗斯，流下了感叹的热泪。

面对一次次意外的失败，德弗斯并不气馁。她说："我并不是为了拿冠军而来的。我也不承认自己失败了，我永远也不会放弃对生命对追求的努力。"

正因为如此，德弗斯才在跑道上显得那么自信。有人怀疑她取得的成绩是使用兴奋剂所致。对此，德弗斯慷慨地说："兴奋剂是世界体坛的一大毒瘤，使用兴奋剂是对体育精神的玷污。"德弗斯决心退役后，为了净化世界体育，她将把对赛跑的热情用到反对使用兴奋剂上，她决心要做个反兴奋剂的斗士。

　　因为良好的个人品格，德弗斯在美国拥有广泛的人缘，她是美国青少年中一位有着健康形象的偶像，不少美国媒体总是邀请德弗斯出面，希望以她健康的形象来教育青少年拒绝使用兴奋剂。

　　在与人言谈时，德弗斯最喜欢轻轻地抬起她的一双手来。这双手被誉为了世界上最美丽的手。在这世界最美丽的手的右手腕上，系着一条像表带一样的手带，上面印有"专注、尊重、认同、完美"几个词的第一个字母，这也是德弗斯做人、做事对待生活的态度。

　　德弗斯指着手带说："专注，无论做什么事都需要专注，也只有通过专注才能达到目的。尊重，不仅需要别人对自己尊重，首先自己要对自己尊重。认同，我不在乎别人是否认同自己，只要自己认同自己就是成功的，重要的是在人生中，自己是否努力了？是否投机取巧了？是否通过努力达到了理想目标？像在先后几届奥运会百米栏比赛中，我被栏架绊倒在赛场上，很多人都替我惋惜，但我却对记者们说，第一，我已经尽力了，第二，虽然没有拿到金牌，但与通过这件事对自己的了解比得到一枚金牌还高兴，因为我认同自己的表现。完美，是否通过正当途经获得荣誉是完美的唯一衡量标准。"

在世界田坛上，德弗斯创造了奇迹——她不仅以惊人的毅力和勇气战胜了疾病，而且获得了无数个世界冠军。对此奇迹，德弗斯说："每当面对挑战时，我便召唤自己内在的精神与肉体的力量，若不是因为这些动力、积极的态度和信仰，我就不可能有如此的成就。"

后 记

　　在整理本书时，突然很想搞清楚一个问题——我和文字到底有没有缘。

　　思来想去，发现这个问题很难解答，缺少具化标准。因此，我只能用数字来解析与文字的缘分。迄今，我与文字结缘20余年，在各类报刊发文300余万字，出版和已签约了5本书。在这些小小的成功数字之前，我的退稿经历不下300次，撰写的未曾发表的文字不少于200万字……

　　不管是成功的数字，还是一时失利的数字，都表明我和文字是有缘的，同时也表明我不是文字天才，只能算个苦修者。对而今40岁的我来说，20多年并不算短。而那些一时失利的数字，也并不少。但无论如何，我坚持下来了，即便面对他人嘲笑的"你根本就不是写作的料"，也从未放弃过文字梦想。用非天才的方式，我打造了自己的文字之旅，造就了自己的文字奇迹。

因为梦想，我拥有了奇迹。或许，在有些人看来，这些梦想和奇迹根本算不得什么。即便如此，也没有关系，这影响不了我的梦想，我会一直坚持下去。而这，促使我将本书定名为《不被嘲笑的梦想是不值得去实现的》。

我可以肯定，这本书里的所有文字和所有故事，都是用真诚铸造而出。很希望您能从中获得启示和感悟，获得力量。我相信，您会从中明白：人不能没有梦想，梦想不能没有坚持，而坚持就会创造奇迹。

最后，我要感谢您对《不被嘲笑的梦想是不值得去实现的》的阅读。您的阅读，对我来说是一种巨大激励。我会珍惜它，加深与文字的缘分，继续我的苦修之旅。